Joachim Pfeffer

Workbook: Entwicklung mechatronischer Produkte mit Scrum

Grundlagen des Agile System Engineering

Die Deutsche Nationalbibliothek verzeichnet diese Publikation in der Deutschen Nationalbibliografie; detaillierte bibliografische Daten sind im Internet über https://dnb.dnb.de abrufbar.

Erste Auflage (v1.0)

Lektorat: Dolores Omann, www.doloresomann.com
Illustrationen: Joachim Pfeffer,
Satz: Joachim Pfeffer

Druck: Libri Plureos GmbH, Friedensallee 273, 22763 Hamburg

Printed in Germany

ISBN Printausgabe: 978-3-947487-25-7
ISBN E-Book: 978-3-947487-26-4

Inhalt

1 Einleitung

1.1 Warum dieses Workbook?

Dieses Workbook hat gleich zwei Funktionen: Zum einen ist es das Handout und Arbeitsmaterial zu meinen Seminaren. Genauso kannst du es aber auch als eigenständige Lernanleitung für das Selbststudium einsetzen, um Ideen und Impulse für die agile Produktentwicklung in deinem eigenen Kontext zu gewinnen. In kompakter Form enthält dieses Workbook das notwendige Hintergrundwissen; es ist jedoch kein Kompendium, sondern verweist an mehreren Stellen auf andere Bücher und Artikel.

Ich konzentriere mich bewusst auf Scrum als agilen Ansatz, auch wenn ich im Buch manchmal etwas allgemeiner von »agil« spreche. Scrum ist weltweit bekannt und in zahlreichen Unternehmen erfolgreich im Einsatz. Ich persönlich halte Scrum für einen sehr wirkungsvollen Ansatz, der eine gute Balance zwischen Vorgaben/Disziplin und Freiraum bei der Umsetzung bietet. Scrum bringt die Probleme einer Organisation an die Oberfläche, einfach durch seine Konsequenz und das ständige Reiben an den nicht immer einfach umzusetzenden Vorgaben dieses Rahmenwerks.

1.1.1 Was ist Agile Systems Engineering?

Systems Engineering ist ein ganzheitliches Gedankengut und eine Werkzeugkiste, um die Komplexität in der Produktentwicklung besser beherrschen zu können. Es ist zunächst einmal unabhängig davon, wie die Zusammenarbeit in der Entwicklung organisiert wird. *Agile* Systems Engineering entsteht immer dann, wenn genau das mit agilen Ansätzen erreicht werden soll.

Immer mehr Organisationen setzen agile Ansätze wie Scrum auch in der Entwicklung physischer Produkte ein. Bedingt durch Bau- und Testzeiten sind die Herausforderungen jedoch größer als bei reinen Software-Vorhaben. Um physische Produkte agil entwickeln zu können, musst du dich mit Systemarchitekturen, Fertigungsverfahren, Testautomatisierung, Einkaufsprozessen und vielem mehr beschäftigen. Die Durchlaufzeiten von der Idee bis zum getesteten Inkrement deutlich nach unten zu schrauben ist möglich, es erfordert aber einige Anstrengung. Diese ersten Schritte bezeichne ich als »agile Produktentwicklung«. Darüber hinaus gibt es Themen im Systems Engineering, die von Normen für die funktionale Sicherheit oder von Reifegradmodellen wie CMMI oder SPICE gefordert werden: Es geht um die Nachverfolgbarkeit von Anforderungen und Tests, um Systemarchitekturen bzw. generell um systematische Vorgehensweisen und Dokumentation. Diese Aspekte, die über die reine Entwicklung eines physischen Produkts hinausgehen, bezeichne ich als »Agile Systems Engineering«.

1.1.2 Wo starten?

Dieses Workbook setzt dort an, wo viele Transformationsbemühungen eine Lücke lassen: bei der agilen Produktentwicklung. Ich bin der Meinung, dass zunächst das agile Vorgehen in der Produktentwicklung geklärt sein muss, bevor man über »Organisationsdesign« nachdenkt. Dementsprechend sehen für mich die Prioritäten bei agilen Transformationen wie folgt aus:

1. **Produkt & Teams:** Wie entwickeln die agilen Teams (oder das Team) das Produkt? Was ändert sich an der Systemarchitektur und den Technologien? Wie sehen mögliche Inkremente aus? Wie verläuft ein Entwicklungslebenszyklus?
2. **Produktunterstützung:** Wie können unterstützende Funktionen wie Einkauf, QM, Musterbau usw. der Entwicklung optimal zuarbeiten?
3. **Organisationsunterstützung:** Wie können das Gelernte und die temporären Ausnahmeregelungen in formale Prozesse und Strukturen gegossen werden?

Dieses Workbook behandelt insbesondere die erste Priorität: Wie funktioniert Agile Systems Engineering? Diese Frage musst du für dich und dein Produkt als erstes beantworten, bevor du in eine agile Transformation einsteigst. Also, los geht's!

1.2 Wie ist das Workbook aufgebaut?

Das Workbook folgt dem Faden, nach dem ich in der Beratung vorgehe. Es bietet Erklärungstexte und versucht durch Fragen, deine Themen herauszuarbeiten. Wie der Name Workbook sagt, verlangt das nach Arbeit und Nachdenken auf deiner Seite – es ist kein Buch, mit dem man abends auf dem Sofa gemütlich nebenbei etwas lernt. Natürlich musst du nicht alle Fragen beantworten, manche treffen vielleicht gar nicht auf dich, dein Unternehmen oder dein Produkt zu. Das Buch soll Struktur in deine Gedanken bringen, es ist keine Prüfung! Nach jedem Buchteil findest du viel Platz, um deine Gedanken zu notieren – für dich oder für eine Beratungssitzung im Rahmen eines meiner Seminare. Diese Notizenseiten sind mit einem grauen Rand markiert, damit du sie beim Blättern schnell wiederfinden kannst.

Das Workbook gliedert sich in vier Teile:

- Im ersten Teil geht es um die **Grundlagen zu Scrum und Skalierung**. Du kannst diesen Teil auslassen oder überblättern, wenn du dich auf diesem Gebiet fit fühlst. Oder du liest es einmal durch und siehst es als Anstoß zur Reflexion darüber, wie du die Dinge aktuell handhabst.
- Im zweiten Teil geht es um dein **Produkt**: Wie ist es aufgebaut? Wie sind die Durchlaufzeiten in der Entwicklung? Wie kannst du etwas verändern? Dieser Teil ist die Grundlage, um überhaupt ein physisches Produkt agil entwickeln zu können.
- Im dritten Teil geht es dann um **formalere Dinge**, wie Systems Engineering, die Einhaltung von Normen und um die Auswirkungen auf deinen Produktentstehungsprozess (PEP).
- Der vierte Teil bietet dir die Möglichkeit für eine kurze **Zusammenfassung** des Gelernten und liefert zusätzliche wichtige Informationen.

Wie erwähnt, findest du alle wichtigen Informationen hier im Workbook. Ich werde immer wieder auf meine beiden Bücher verweisen, in denen du noch mehr Details findest. Falls du an einem meiner Seminare teilgenommen hast, hast du diese Bücher zusammen mit diesem Workbook bekommen.

Die Bücher, auf die ich verweise, sind:

1. »Grundlagen der agilen Produktentwicklung«
2. »Produktentwicklung – Lean & Agil«
3. »OpenSpace Agility kompakt«

Das Grundlagenbuch findest du auf meiner Website (joachim-pfeffer.com), die anderen beiden kannst du bei Bedarf zusätzlich erwerben, falls du tiefer eintauchen willst. Auf jeden Fall funktioniert dieses Workbook aber auch eigenständig – du kannst also sofort loslegen!

Der Einfachheit halber verwende ich bei den Referenzen die Coverfarben der Bücher. Wenn ich vom blauen Buch rede, beziehe ich mich auf das Buch »Grundlagen der agilen Produktentwicklung«. Dieses Buch verwende ich als Handout für meine Schulungen, denn darin sind die Grundlagen zu Lean Development, Scrum und Kanban dargestellt. Beziehe ich mich hingegen auf das rote Buch, dann meine ich damit »Produktenwicklung – lean & agil« aus dem Carl Hanser Verlag. Dieses Buch geht über die Grundlagen hinaus und beschreibt, wie physische Produkte agil entwickelt werden können.

Weitere Infos findest du auch in meinem Blog unter joachim-pfeffer.com/blog.

Zum Schluss noch eine organisatorische Anmerkung: Im Text erzähle ich aus meinen Erfahrungen als Berater und von meiner Sicht der Dinge. Mit »ich« bin also wirklich ich – Joachim – gemeint. In den Kästen, in denen du dir Gedanken und Notizen machen kannst, geht es hingegen um *deine* Sicht der Dinge und um deine Notizen – hier dreht sich also die Perspektive. Daher habe ich für deine Gedanken eine andere Schriftart gewählt. Ich hoffe, dass so der Sprung zwischen »dein« und »mein« für dich klarer wird.

2 Grundlagen

Dieser Teil soll ein gemeinsames Verständnis der zugrundeliegenden Ansätze schaffen: Systems Engineering, Scrum, skalierende Ansätze, dein organisatorisches Umfeld. Hier möchte ich mit dir den Grundstein legen, um dann im nächsten Teil über dein Produkt und Scrum zu diskutieren.

2.1 Worum geht es dir?

2.1.1 Motivation

In diesem Buch soll es um dich, deine Organisation und dein Produkt gehen. Wie auch immer du an dieses Workbook gekommen bist: Vergegenwärtige dir an dieser Stelle, was dich motiviert hat, dieses Buch zu kaufen bzw. das Seminar zu buchen. Notiere, welche Ziele du mit diesem Buch erreichen willst bzw. wie deine Erwartungshaltung aussieht.

Meine Zielsetzung für die Arbeit mit diesem Workbook ist:

Wenn du willst, kannst du hier aufschreiben, auf welche Fragen du im Rahmen deiner Arbeit mit dem Workbook Antworten haben willst. Du kannst dann immer wieder hierhin zurückkehren und die beantworteten Fragen markieren.

Ich habe folgende Fragen:

2.1.2 Erfahrung mit Systems Engineering

Wie viel Erfahrung hast du mit verschiedenen Aspekten des Systems Engineering? Kreuze einfach das Kästchen an, das deiner Einschätzung entspricht (1 = keine Erfahrung, 5 = sehr erfahren).

	Keine Erfahrung				Sehr erfahren
Thema	1	2	3	4	5
Was ist Systems Engineering	☐	☐	☐	☐	☐
Model Based Systems Engineering	☐	☐	☐	☐	☐
UML/SysML	☐	☐	☐	☐	☐
Tools für die Modellierung	☐	☐	☐	☐	☐

2.1.3 Erfahrung mit agilen Ansätzen

Hier kannst du für dich beurteilen, wie viel Erfahrung du mit verschiedenen Ansätzen hast. Kreuze einfach das Kästchen an, das deiner Einschätzung entspricht (1 = keine Erfahrung, 5 = sehr erfahren).

	Keine Erfahrung				Sehr erfahren
Thema	1	2	3	4	5
Scrum	☐	☐	☐	☐	☐
Kanban	☐	☐	☐	☐	☐
Test Driven Development	☐	☐	☐	☐	☐
Lean Development	☐	☐	☐	☐	☐
Skaliertes Scrum	☐	☐	☐	☐	☐
Testautomatisierung	☐	☐	☐	☐	☐

2.2 Refresher Systems Engineering (SE)

2.2.1 Ziele von SE

Systems Engineering ist ein Überbegriff für Unternehmenskulturen, Methoden und Werkzeuge, die einen ganzheitlichen Ansatz bei der Entwicklung komplexer Systeme verfolgen. Zu den Zielen des SE gehören dementsprechend die interdisziplinäre Zusammenarbeit und das systemische Denken bei der Entwicklung, dem Betrieb und der Außerdienststellung von Produkten. So unterstützt Systems Engineering den kompletten Lebenszyklus eines Produkts mit einem klaren Kundenbezug und hilft, die Risiken in der Systementwicklung zu reduzieren.

2.2.2 Einsatzgebiete von SE

Wie erwähnt ist Systems Engineering zunächst nicht auf einzelne zeitliche Phasen begrenzt, sondern bezieht sich auf den ganzen Produktlebenszyklus. Inhaltlich bezieht sich SE jedoch immer auf ein zu entwickelndes System, das in einer definierten Umgebung, dem Systemkontext, betrieben werden soll. Diese beiden Aspekte zu definieren und gegeneinander abzugrenzen, ist ein elementarer Schritt im Systems Engineering. Der Begriff des Systems ist dabei zum einen neutral und nicht zwangsläufig technisch – der Systemkontext kann zum Beispiel ein soziales System sein. Zum anderen ist der Systembegriff fraktal: Ein System oder dessen Kontext kann aus weiteren Systemen bestehen und diese wiederum aus weiteren Systemen. Welches System atomar und damit kein System im engeren Sinne, sondern ein Element ist, muss oft ebenfalls festgelegt werden.

Systems Engineering dient also dazu, ein besseres Verständnis für den »Problemraum« zu bekommen, also Systemgrenzen, Einsatzszenarien und Anforderungen zu verstehen. Gleichzeitig hilft es, die Komplexität und die Risiken im »Lösungsraum«, also bei der technischen Umsetzung, zu beherrschen.

SE beschäftigt sich demnach mit der Erhebung und dem Management von Anforderungen sowie mit der Systemarchitektur, in der eine technische Lösung für die Erfüllung der Anforderungen entwickelt wird. Die Architektur zerlegt dabei das System in Elemente, die wiederum Systeme sein können, und beschreibt die Beziehungen zwischen Systemelementen und Anforderungen. Ebenfalls im Lösungsraum angesiedelt, nutzt Systems Engineering diese dokumentierten Beziehungen, um Testkonzepte und Testfälle auf verschiedenen Systemebenen zu entwickeln (Verifikation). Der Kreis schließt sich, indem die Anforderungen gemeinsam mit den Nutzer:innen des Systems validiert werden.

Dem ganzheitlichen Ansatz des Systems Engineering entsprechend wird in der Regel auch an die Unterstützung beim Betrieb, bei der Außerdienststellung und der Entsorgung gedacht. Die sorgsam dokumentierten Eigenschaften des Systems helfen dabei, im Feld auftretende Fehler zu identifizieren und zu beseitigen sowie die Zerlegung und Verschrottung eines Systems effizient zu gestalten.

Dass all diese Aspekte nicht ohne Dokumentation auskommen, liegt auf der Hand. Ziel des Systems Engineering ist es, die notwendige Entwicklungsdokumentation schritthaltend zu erstellen und immer aktuell und konsistent zu halten. Studien haben gezeigt, dass sich der Aufwand für die Dokumentation auszahlt bzw. dass der Umkehrpunkt, an dem eine zusätzliche Dokumentation keinen finanziellen Mehrwert bringt, ziemlich weit entfernt liegt (INCOSE, 2023).

2.2.3 SE-Methoden

Die Methoden im Systems Engineering sind zu vielfältig, um in diesem Buch darauf einzugehen. Ich möchte nur zwei wichtige Ansätze herausgreifen, die für diesen Workshop relevant sind: V-Modelle und Model-Based Systems Engineering.

Ein gängiger Ansatz ist, den Bezug von Tätigkeiten bzw. Dokumenten in einer V-Ansicht anzuordnen, die Definition/Dekomposition, Bau und Integration/Test abbildet. Solche Modelle treffen jedoch keine Aussage zum zeitlichen Ablauf, daher müssen parallel dazu Modelle für den Lebenszyklus der Entwicklung oder des ganzen Systems definiert werden.

Eine große Herausforderung im Systems Engineering ist, die Komplexität zu managen. Über ein V-Modell in Bezug gesetzte Dokumente sind bei großen Systemen sehr schwer konsistent zu halten, da die Informationen verteilt und teilweise redundant vorliegen. Einfacher ist dies, indem alles erarbeitete Wissen in einem Modell des Systems vorliegt und die erwähnten Dokumente nur Ansichten auf dieses Modell repräsentieren. Statt des einen Modells können auch mehrere Modelle mit verschiedenen Zwecken verwendet werden; in diesem Fall sind jedoch wieder Verfahren zu ermitteln, um die Modelle konsistent zu halten. Ein auf Modellen aufbauendes Vorgehen wird als Model-Based Systems Engineering (MBSE) bezeichnet.

2.3 Scrum Refresher

In diesem Kapitel möchte ich noch einmal das Konzept von Scrum aufgreifen. Wenn du schon Erfahrung mit Scrum hast, kannst du die nächsten beiden Abschnitte überspringen. Vielleicht magst du aber in diesem Fall das »Rollenspiel« im dritten Abschnitt ausfüllen, um dein Verständnis zu schärfen.

2.3.1 Wie Scrum entstanden ist

Obwohl Scrum in allen möglichen Produktentwicklungsbranchen stark verbreitet ist, höre ich immer wieder das Argument: »Das funktioniert doch nur mit Software.« In der Tat ist jene Form von Scrum, die wir heute kennen, in der Software-Industrie groß geworden. Die Wurzeln von Scrum liegen jedoch in der Entwicklung von physischen Produkten. Der »Scrum-Erfinder« Jeff Sutherland hat den ursprünglich aus dem Rugby stammenden Begriff dem Artikel »The New New Product Development Game« entnommen, in dem die Wirtschaftswissenschafter Hirotaka Takeuchi und Ikujiro Nonaka die iterative, crossfunktionale Zusammenarbeit in erfolgreichen Entwicklungsteams als »Scrum« (dt. Gedränge) bezeichneten (Takeuchi & Nonaka, 1986).

Ausgehend von den ersten Versuchen in Software-Entwicklungsteams in den USA hat sich Scrum ab 1995 weltweit verbreitet. Seit 2010 gibt es den Scrum Guide, in dem Jeff Sutherland und Ken Schwaber das Rahmenwerk von Scrum beschreiben. Dadurch hat sich Scrum außerhalb der Softwareentwicklung immer stärker verbreitet, zum Beispiel in der Entwicklung physischer Produkte, im Marketing oder im Management. Auch bei der Entwicklung von großen Produkten, wie Autos, Flugzeugen oder Schiffen, hat Scrum bewiesen, wie es Entwicklungsabläufe und Produkte verbessern kann.

Weitere Informationen zur Geschichte von Scrum findest du im blauen Buch auf Seite 71 oder im Buch »Die Scrum Revolution« von Jeff Sutherland (Sutherland, 2014).

2.3.2 Wie Scrum funktioniert

Scrum definiert drei (Ergebnis-)Verantwortlichkeiten (Accountabilities), drei Artefakte und fünf Events:

Verantwortlichkeiten (früher »Rollen«)

- Product Owner:in
- Developer:in
- Scrum Master:in

Artefakte

- Product Backlog
- Sprint Backlog
- Increment

Events

- Sprint
- Sprint Planning
- Daily Scrum
- Sprint Review
- Sprint Retrospective

Hinweis: Die Bezeichnungen für die Verantwortlichkeiten werde ich ab hier ziemlich oft verwenden. Damit der Text trotzdem noch leicht zu lesen ist, verwende ich für Product Owner und Scrum Master die männliche Form.

Darüber hinaus werden die Spielregeln für die Interaktion dieser Elemente definiert. Ich gebe nur einen kurzen Überblick über die Zusammenhänge als kleine Auffrischung, Quellen für weitere Details findest du in den Literaturtipps.

Scrum ist darauf ausgelegt, mit einem Team, dem Scrum Team, ein Produkt zu entwickeln. Das Team ist in der Lage, das Produkt ohne weitere Abhängigkeiten zu entwickeln und zu bauen (ich weiß, was du jetzt denkst, und du hast recht; zu den Kompromissen kommen wir später). Der Product Owner bespricht mit den Stakeholdern des Vorhabens anhand deren Vision (in Scrum »Product Goal«), wie das Produkt aussehen könnte. In Abstimmung mit den Developern schreibt er die zu entwickelnden Funktionalitäten in das Product Backlog. Die Einträge im Product Backlog sind eindeutig anhand ihrer Priorität sortiert und werden in dieser Reihenfolge abgearbeitet. Auch wenn das Scrum Team definieren kann, wer mit dem Product Backlog arbeiten darf: Der Product Owner ist für die Inhalte und die Priorisierung verantwortlich.

Das Scrum Team plant und arbeitet in einem festen Takt, der als Sprint bezeichnet wird. Ein Sprint ist üblicherweise zwei oder drei Wochen lang und beginnt mit dem Sprint Planning. Im Sprint Planning entscheiden die Developer (und nur diese) unter Berücksichtigung der gegebenen Priorisierung, welche Einträge aus dem Product Backlog im aktuellen Sprint umgesetzt werden können. Dazu verschieben sie die ausgewählten Einträge in das Sprint Backlog. Außerdem besprechen sie, wie die ins Sprint Backlog übernommenen Einträge umgesetzt werden können. Das Sprint Backlog ist also der Plan für den Sprint: Anhand des Plans soll das Ziel für den Sprint erreicht werden (Sprint Goal), das vom Scrum Team beschlossen wurde.

Jeden Tag treffen sich die Developer zum Daily Scrum, in dessen Rahmen die nächsten 24 Stunden der Entwicklung geplant werden bzw. Abweichungen vom Plan erkannt oder beschlossen werden. Der Product Owner steht während der Entwicklungsarbeit zur Verfügung, um Fragen zum Produkt und zum Marktumfeld zu beantworten und bei der Auswahl von Lösungsoptionen zu unterstützen. Parallel zur Entwicklung kümmern sich der Product Owner und die Developer darum, im sogenannten Backlog Refinement das Product Backlog für die nächsten Sprints zu diskutieren und zu verfeinern. Sofern vor dem Sprint-Ende alle Einträge aus dem Sprint Backlog umgesetzt sind, ziehen die Developer den nächsten Eintrag aus dem Product Backlog nach, falls dieser in der verbleibenden Zeit umgesetzt werden kann.

Bis zum Ende des Sprints haben die Developer ein neues Inkrement des Produkts erstellt. Das gemeinsame Verständnis, was für ein Inkrement alles erledigt sein muss (z. B. Tests, Doku) wird in einer »Definition of Done« festgehalten. Ein solches Inkrement, bei dem keine Arbeiten aufgeschoben werden, liefert eine belastbare Aussage über den Entwicklungsfortschritt.

Das Inkrement wird im Sprint Review vom Product Owner und den Stakeholdern begutachtet. Auf Basis der gewonnenen Erkenntnisse wird das Product Backlog angepasst, das heißt, es fließen Änderungswünsche, neue Prioritäten oder neue Funktionalitäten ein. Das Sprint Review schließt also die Feedbackschleife in Bezug auf das Produkt; so wird die gesamte Kette von den Stakeholder-Ideen bis zum Produkt (im aktuellen Stand) abgesichert. Product Owner und Stakeholder beschließen in diesem Event ebenso, ob es einen weiteren Sprint geben soll, oder ob die aktuelle Funktionalität für die Stakeholder ausreichend ist. Nicht vollständig umgesetzte Einträge aus dem Sprint Backlog wandern zurück ins Product Backlog.

Das letzte Event im Sprint ist die Sprint Retrospective. Sie beendet den Sprint und der nächste beginnt wieder mit einem Sprint Planning. In der Sprint Retrospective (oft »Retro« genannt) trifft sich das ganze Scrum Team (ja, zum Scrum Master komme ich gleich noch), um den zu Ende gehenden Sprint Revue passieren zu lassen: Wie hat die Zusammenarbeit im Team funktioniert? Was lief gut und bringt uns weiter? Was lief nicht so gut und was könnten wir daran ändern? Das sind beispielhafte Fragen, die hier diskutiert werden. Im Idealfall wird für das wichtigste Thema eine Verbesserungsmaßnahme für das Team beschlossen und diese wird auch gleich zu Beginn des nächsten Sprints umgesetzt.

Bis jetzt habe ich nur über Developer und Product Owner geschrieben, denn diese entwickeln gemeinsam das Product. Der Scrum Master ist für die Verbesserung des Teams und der Organisation zuständig. In einem neuen Team wird er sich zunächst darum kümmern, dass die Teammitglieder die Arbeit mit Scrum erlernen und ihre Zusammenarbeit optimieren. Sobald sich das Team nach ein paar Sprints eingeschwungen hat, wird er sich zusammen mit dem Linien-Management die Prozesse, die Infrastruktur und die Strukturen in der umgebenden Organisation ansehen und diese verbessern, um dem Scrum Team die Arbeit zu erleichtern. Die eigentliche

Aufgabe eines Scrum Masters ist also die Organisationsentwicklung – die Arbeit am Herz der Wertschöpfung. Wenn das Management diese Rolle ernstnimmt, rechnet sich ein Vollzeit-Scrum-Master immer.

Weitere Informationen zu Scrum findest du im blauen Buch ab Seite 75 und im Scrum Guide. Der Scrum Guide ist in verschiedenen Sprachen unter scrumguides.org erhältlich.

2.3.3 Role game

Nach dieser kurzen Wiederholung der Scrum-Theorie habe ich hier eine kleine Übung für dich vorbereitet. Dabei geht es um die konkreten Verantwortlichkeiten in einem Scrum Team. Versuche, die folgenden Aktivitäten in dem unten abgebildeten Dreieck jeweils Scrum Master, Product Owner oder Developern zuzuordnen. Nicht alle Aktivitäten können eindeutig zugeordnet werden; du kannst sie auch zwischen zwei Verantwortlichkeiten schreiben oder in die Mitte, falls die Verantwortung beim gesamten Scrum Team liegt.

1. Priorisiert das Product Backlog
2. Moderiert die Scrum Events
3. Erstellt die Tests
4. Erstellt das Inkrement
5. Erstellt die Dokumentation
6. Gibt das Inkrement frei
7. Stimmt sich mit den Stakeholdern ab
8. Verbessert die Abläufe im Scrum Team
9. Verbessert die Abläufe in der Organisation
10. Verantwortet die Qualität des Inkrements

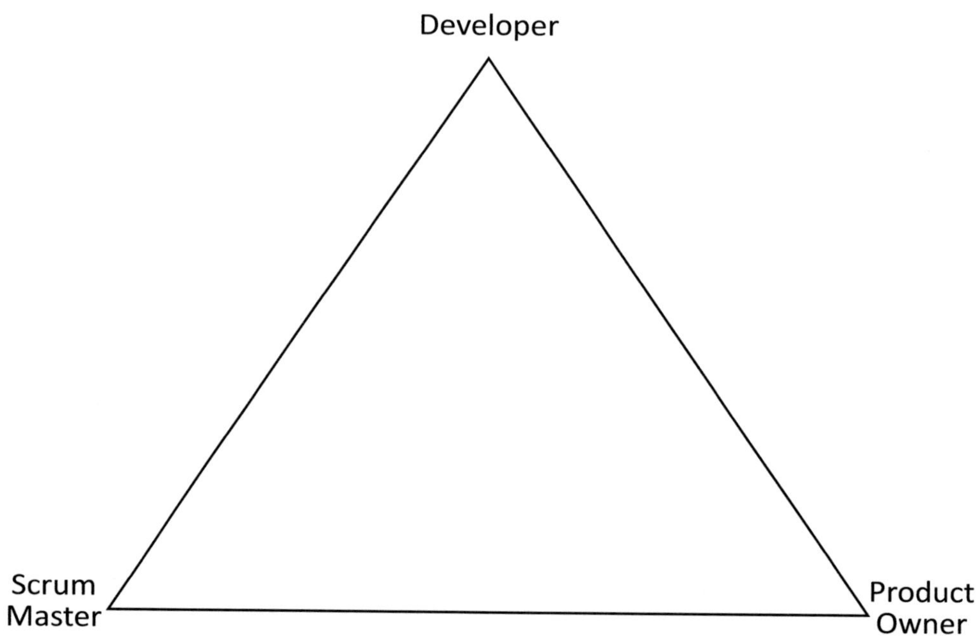

Eine eindeutige Musterlösung gibt es hier nicht. Dennoch möchte ich dir in der Abbildung auf der nächsten Seite meine Sicht auf die Dinge zeigen. Unten habe ich stichwortartig vermerkt, warum ich die Aktivitäten so anordnen würde – vielleicht hilft dir das dabei, dein Verständnis von Scrum etwas zu schärfen. Selbstverständlich kannst du anderer Meinung sein!

Hier sind die Begründungen für meine Lösung:

1. **Priorisiert das Product Backlog:** Diese Verantwortung liegt eindeutig beim Product Owner, er allein verantwortet den Inhalt des Backlogs. In der Praxis werden verschiedene Personen redaktionell am Backlog arbeiten, die Priorisierung liegt aber immer beim Product Owner.
2. **Moderiert die Scrum Events:** Das Scrum Team muss sich darauf einigen, wer welches Scrum Event moderieren soll. Vielleicht macht es zu Beginn der Scrum Master als erfahrenste Person, die Aufgabe selbst ist aber nicht prinzipiell bei der Scrum-Master-Rolle verortet. Ausnahme: Die Retrospektive ist das Event des Scrum Masters und er wird diese auch moderieren.
3. **Erstellt die Tests:** Tests zu entwickeln und durchzuführen ist Teil der Produktentwicklung, diese Aufgabe ist daher bei den Developern verortet.
4. **Erstellt das Inkrement:** Das war einfach! Das Inkrement mit aller Dokumentation und Tests zu erstellen, ist eindeutig Aufgabe der Developer.
5. **Erstellt die Dokumentation:** Siehe 4.
6. **Gibt das Inkrement frei:** Die Entwickler:innen geben das Inkrement frei, wenn sie alle Akzeptanzkriterien und die Definition of Done erfüllt haben. Manchmal ist zu sehen, dass der Product Owner irgendetwas freigibt – das ist ein Muster aus der alten Welt. Der Product Ower ist nicht ranghöher als die Entwickler:innen.
7. **Stimmt sich mit den Stakeholdern ab:** Inhaltlich stimmt sich der Product Owner mit den Stakeholdern ab, parallel dazu können aber auch die Entwickler:innen technische Fragen oder der Scrum Master organisatorische Fragen mit den Stakeholdern klären.
8. **Verbessert die Abläufe im Scrum Team:** Das ganze Scrum Team wird an der Verbesserung der Abläufe arbeiten, die treibende Kraft dahinter ist der Scrum Master.
9. **Verbessert die Abläufe in der Organisation:** Hier geht es um Hindernisse (Impediments), die der Scrum Master zusammen mit der umgebenden Organisation bearbeitet und dadurch die gesamte Organisation verbessert.
10. **Verantwortet die Qualität des Inkrements:** Auch dies liegt in der Hand der Entwickler:innen, weil es Teil der Entwicklungstätigkeit ist.

Notizen

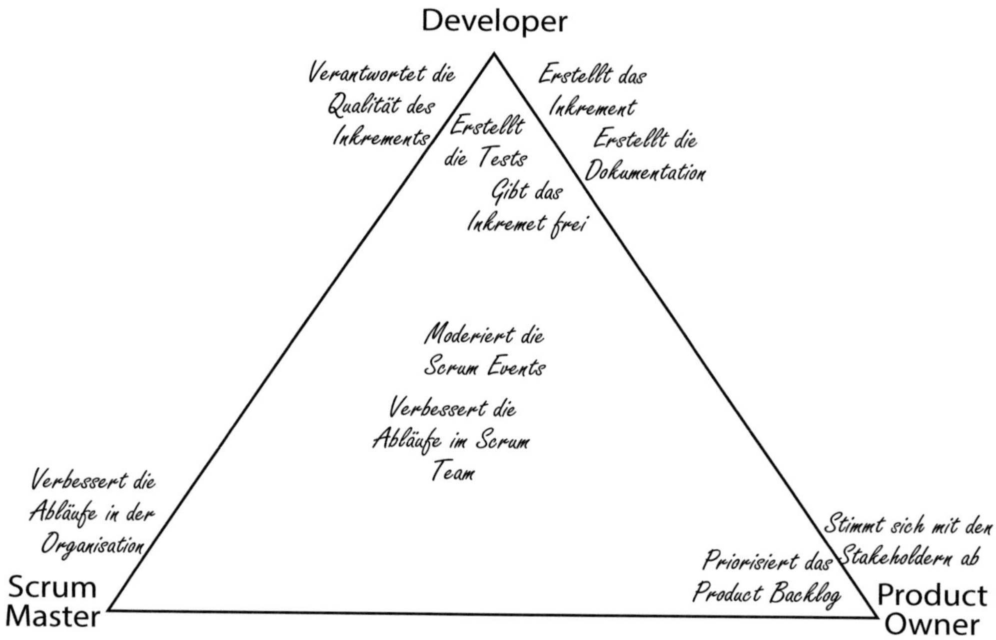

2.3.4 Herausforderungen

Wie sagt man so schön: Scrum ist einfach zu verstehen, aber sehr schwer umzusetzen. Wenn du schon mit Scrum arbeitest, gibt es vielleicht Themen oder Aspekte, die für dich schwer umzusetzen sind. Wenn du noch darüber nachdenkst, Scrum einzusetzen, hast du vielleicht Vorbehalte oder Bedenken, wenn du die Theorie mit deinem Alltag vergleichst. Es ist gut, diese Vorbehalte und Bedenken aufzuschreiben. Vielleicht löst sich manches im Rahmen dieses Seminars von allein, oder wir können in einer Beratungssitzung darüber reden. Mein Tipp: Sammle im folgenden Feld deine Themen und markiere danach die drei für dich wichtigsten Themen.

Meine Bedenken und Vorbehalte bezüglich des Einsatzes von Scrum bei unserem Produkt:

Die drei wichtigsten Themen habe ich für mich markiert.

2.4 Skalierung

2.4.1 Grundlagen zur Skalierung

Scrum definiert einen Ansatz, mit dem *ein* Team *ein* Produkt entwickeln kann. Über mehrere Produkte oder mehrere Teams trifft Scrum keine Aussage. Der Grund für diese Einschränkung: Scrum will eine möglichst optimale Vorgehensweise aufzeigen, und nichts ist so schlagkräftig wie ein kleines Team, das autonom ein Produkt entwickeln kann. Dieses Zielbild deckt sich nicht immer mit der Praxis, die wir alltäglich vorfinden: Menschen arbeiten in mehreren Teams an mehreren Produkten. Dieses ineffektive Vorgehen kann und will Scrum nicht abbilden. Dennoch stellt sich die Frage: Was ist, wenn du mehr als ein Team benötigst?

Im Internet gibt es die eiserne Regel für die Skalierung von Agilität zu finden: Lass es! (»First rule of scaling agile: Don't!«) Der Hintergrund dazu: Es ist in der Regel deutlich einfacher, ein Scrum Team doppelt so schnell zu machen, als ein zweites Team einzulernen und die beiden Teams miteinander zu koordinieren. Auch wenn es unmöglich klingt: Wertstromanalysen ergeben regelmäßig, dass die Liegezeitanteile in Entwicklungsprozessen bei über 90 Prozent liegen. Die Liegezeit von um Beispiel 95 auf 90 Prozent zu reduzieren, sollte einfach machbar sein – und das Team ist doppelt so schnell.

Ich beobachte, dass die vorherrschenden Expertenkulturen eines der wesentlichen Probleme bei der Skalierung sind. Die Organisationen haben in einem falschen Verständnis von Effizienz schmalbandige Expert:innen erzogen, die sich nicht oder kaum gegenseitig ersetzen können. So sind oft zig Personen für ein einfaches Entwicklungsprojekt nötig. Das umfangreiche und langwierige Thema, wie Expertenkulturen in agile Organisation verwandelt werden können, möchte ich jedoch aus diesem Workbook heraushalten.

Okay! Falls es mir bis jetzt noch nicht gelungen ist, dir den Spaß am Skalieren zu verderben, sollten wir über jene Fälle reden, bei denen du wirklich mehrere Scrum Teams zusammen an einem Produkt arbeiten lassen willst oder musst. Im Folgenden zeige ich auf, was skaliert werden kann und gehe kurz auf die gängigen Modelle für die Skalierung von Scrum ein.

2.4.2 Modelle für die Skalierung

Alle Skalierungsmodelle setzen auf das Konzept des »Team of Teams«: Die einzelnen Teams sollen sich untereinander selbst organisieren, so wie dies die Personen in einem Team machen – ohne zentrale Management-Instanz.

Prinzipiell können folgende Dimensionen bei Scrum skaliert werden:

1. **Skalierung der Verantwortlichkeiten:** Die meisten Modelle skalieren die Verantwortlichkeiten. So gibt es Scrum Master, die auf der Team-Ebene arbeiten und solche, die auf der Team-of-Team-Ebene arbeiten. Ähnliche Konzepte gibt es auch für Product Owner und für die technische Seite, manche Developer koordinieren im Team of Teams die technischen Lösungen und die Systemarchitektur.
2. **Skalierung der Backlogs:** Ein unskaliertes Backlog würde schon so kleine Items enthalten, dass diese direkt von einem der Teams verarbeitet werden können. Diesen Ansatz wählt kein Skalierungsmodell, die Items können in jedem Modell mehrere Teams betreffen.

3. **Skalierung der Iteration:** Diesen Ansatz wählt aktuell nur eines der Modelle. Parallel zu den zweiwöchigen Team-Iterationen wird eine große Iteration von 8 bis 12 Wochen definiert; passend zu diesem Horizont werden auch die Backlogs vorbereitet und die Abhängigkeiten zwischen den Teams identifiziert.

Aktuell gibt es vier gängige Skalierungsmodelle:
- Nexus
- Large Scale Scrum (LeSS)
- Scaled Agile Framework (SAFe®)
- Scrum@Scale

Eine Diskussion dieser Rahmenwerke findest du im roten Buch ab Seite 41.

Welches der Modelle du wählst, finde ich zunächst gar nicht einmal so relevant, denn die Grundmechanismen sind überall ähnlich. Die große Herausforderung wird für dich nicht in den Modellen liegen, sondern in der umgebenden Organisation. Versuche dir daher ein Bild zu machen, wo die Herausforderungen liegen könnten. Ich habe ein paar aus meiner Sicht relevante Themen aufgelistet:
- Bereitstellen einer entsprechenden Anzahl an Product Ownern
- Bereitstellen einer entsprechenden Anzahl an Scrum Mastern
- Bereitstellen von Developern, die nur dem Team of Teams zugeordnet sind
- Verhindern, dass über Linienvorgesetzte das agile Framework unterlaufen wird

Diese Themen werden wir uns in den nächsten Kapiteln genauer ansehen.

2.5 Platz für Reflexion

Hier kannst du noch einmal die Erkenntnisse sammeln, die du bis jetzt gewonnen hast, aber auch offene Fragen notieren.

Scrum-Grundlagen

Meine Erkenntnisse und offenen Fragen:

Scrum-Grundlagen

Meine Erkenntnisse und offenen Fragen:

Scrum-Grundlagen

Meine Erkenntnisse und offenen Fragen:

Notizen

Scrum-Grundlagen

Meine Erkenntnisse und offenen Fragen:

3 Produkt und Teams

Im ersten Teil des Workbooks haben wir die wichtigsten Grundlagen zu Scrum wiederholt. Jetzt geht es ans Eingemachte, um euer Produkt und das Engineering dahinter. Es geht darum, wie ihr euer Produkt in kleinen Schleifen entwickeln könnt, denn bestimmt wirkt das auf den ersten Blick sehr schwierig. Daneben geht es auch um die Teams in der Entwicklung und deren Umfeld in der Organisation

3.1 Das Produkt

Bei agilen Ansätzen dreht sich alles um das Produkt. Linienorganisation und Projektdenken sind nicht mehr wichtig. Es geht darum, mit tollen Teams das richtige Produkt zu entwickeln, das den Markt rockt. In diesem Kapitel soll es noch nicht um deine Teams – die besten Teams der Welt – gehen, sondern um euer Produkt. Damit ist die Frage verbunden, wie du die Durchlaufzeiten in der Entwicklung deutlich nach unten bekommen kannst. Über Teams, Sprints und so agile Dinge reden wir später. Also lass uns loslegen.

3.1.1 Ziel

Welches Produkt möchtest du gerne mit Scrum entwickeln? Beschreibe es in ein paar Sätzen:

Unser Produkt:

In diesem Workbook nennen wir es:

Wie lange dauert aktuell ein Entwicklungszyklus für euer Produkt? Also die Zeitspanne für ein Muster, von der Definition neuer Anforderungen über das Systemdesign, die Beschaffung, Umsetzung und den Test bis zur Abnahme?

Der aktuelle Entwicklungszyklus unseres Produkts

dauert ca. ____________________ *Wochen/Monate*

Du hast bestimmt eine persönliche Einschätzung über die Blockaden und Liegezeiten, die in dieser Zeitspanne auftreten. Wenn alles wie am Schnürchen klappen würde, alle Beteiligten mitziehen könnten, keine anderen Projekte die Developer binden würden und der Einkauf die coolsten Lieferanten beauftragen dürfte: Welche Zykluszeit wäre dann aus deiner Sicht möglich?

Wenn ich alles selbst bestimmen könnte, wäre ein

Entwicklungszyklus möglich, der ____________ *Wochen dauert.*

3.1.2 Systemarchitektur

Die Systemarchitektur ist eines der zentralen Elemente, um Produkte agil entwickeln zu können. Nur mit einer modularen Architektur mit stabilen, gemanagten Schnittstellen ist es möglich, einzelne Komponenten innerhalb weniger Wochen weiterzuentwickeln, ohne das komplette System anfassen zu müssen. Ein gutes Beispiel für den Einfluss modularer Architektur auf das agile Arbeiten ist Wikispeed (https://wikispeed.com).

Du musst dir also zunächst einmal klarmachen, was das Ziel der aktuellen Architektur ist. Geht es um Optimierung der Produktionskosten, Optimierung der Entwicklungskosten, Anpassbarkeit der Architektur, oder oder oder? Das Ziel, agil zu entwickeln, ist oft nicht mit dem einem Architekturziel »Reduzierung der Produktionskosten« vereinbar. Daher ist es wichtig, dass du dir zunächst einmal die Ziele eurer Systemarchitektur vergegenwärtigst.

Die Ziele der Architektur sind aktuell:

Mehr Infos zur Bedeutung der Architektur in der agilen Entwicklung findest du im roten Buch ab Seite 90.

Jetzt geht es darum, mögliche Konflikte aufzudecken. Welche Aspekte der Architektur sprechen gegen eine modulare, entkoppelte, agile Vorgehensweise?

Folgende Probleme sehe ich bei der Ausrichtung der Architektur, wenn wir agil arbeiten wollen:

Um das Bewusstsein für eure Systemarchitektur zu schärfen, möchte ich dich bitten, hier deren Hauptkomponenten aufzuschreiben. Als Richtwert sollten dies zwischen 5 und 15 Komponenten sein. Wenn du diese nicht auswendig aufsagen kannst, haben wir schon das erste Problem entdeckt. Nimm dir an dieser Stelle die Zeit, um für dich ein klares Bild der Architektur zu entwickeln.

Das sind die Hauptkomponenten unserer Systemarchitektur:

Wenn du magst, kannst du hier aufzeichnen, wie die Hauptkomponenten zusammenhängen, denn wir werden gleich noch über die Schnittstellen in eurem Produkt sprechen.

Blockdiagramm Systemarchitektur (nur Hauptkomponenten):

Ich hoffe, diese Übung war einfach für dich. Denn jetzt kommt der schwierige Teil. Nenne die 5 bis 15 wichtigsten Schnittstellen zwischen den Hauptkomponenten. Klare Schnittstellen und ein gutes Schnittstellenmanagement erleichtern die inkrementelle Arbeitsweise mit Scrum. Du kannst einzelne Komponenten in der Architektur gegen eine stabile Schnittstelle viel schneller weiteriterieren als das ganze System.

Das sind die wichtigsten Schnittstellen in unserer Systemarchitektur:

Ich beobachte, dass das Thema Schnittstellenmanagement manchmal unterschätzt wird. Schnittstellen benötigen eine klare Spezifikation mit eigener Versionierung und eigener Roadmap. So können verschiedene Systemkomponenten unabhängig voneinander gegen eine definierte Schnittstelle entwickelt werden. Die Weiterentwicklung von Schnittstellen muss natürlich mit den Komponenten abgestimmt und mit einer bestimmten Vorlaufzeit angekündigt werden. Komponenten, die eine niedrigere Priorität haben, können unter Umständen vorübergehend mit Adaptern die Schnittstelle bedienen, um eine Entkopplung der Architekturkomponenten auch auf der Zeitachse zu erreichen.

Wie gut ist euer Schnittstellenmanagement aufgestellt bzw. wie relevant ist das Thema für dich bei eurem Produkt? Notiere hier, wie du deinen Umgang mit Schnittstellen in der Systemarchitektur einschätzt bzw. welche Maßnahmen du ergreifen könntest.

Unsere Potenziale im Umgang mit Schnittstellen in der Systemarchitektur:

Keine Angst, jetzt stelle ich wieder einfachere Fragen. Damit du besser beurteilen kannst, wo du bei der Verkürzung der Zykluszeiten ansetzen kannst, versuche die Entwicklungszykluszeiten – von der Änderungsidee bis zum Test – für die Haupt-Systemkomponenten abzuschätzen (nächste Seite):

Komponte 1 (______________________________): __________ Wochen

Komponente 2 (______________________________): __________ Wochen

Komponente 3 (______________________________): __________ Wochen

Komponente 4 (______________________________): __________ Wochen

Komponente 5 (______________________________): __________ Wochen

Natürlich kannst du nicht alle Komponenten gleichzeitig anfassen und optimieren. Du solltest eine Priorisierung vornehmen, wo du als allererstes anpacken könntest. Die Komponente mit der längsten Zykluszeit muss dabei nicht die oberste Priorität haben. Das technologische Risiko oder die Volatilität der Anforderungen können ebenso Kriterien für die Priorisierung sein.

Mein Tipp: Schnappe dir die wichtigste Systemkomponente und versuche für diese, die Zykluszeit zu halbieren. Dann priorisiere erneut und schnappe dir die nächste Komponente (oder dieselbe noch einmal, je nachdem).

3.1.3 Produktionsverfahren

Wenn die Systemarchitektur das isolierte Weiterentwickeln einzelner Komponenten unterstützt, stellt sich die Frage, wie Bau- und Testzeiten reduziert werden können. Im Bau wird oft auf teure Werkzeuge für die Serienproduktion gesetzt, sodass kurze Zyklen und häufige Änderungen zu viel Zeit und Geld kosten können. Ich möchte mit dir diskutieren, ob und wie du durch alternative Produktionsverfahren Zeiten einsparen könntest. Um einen Punkt vorwegzunehmen: Mit additiven Verfahren (3D-Druck) sind meist nicht die orangen Frösche gemeint, die euer Office-3D-Drucker ausspuckt. Ich meine damit primär lasergesinterte 3D-Drucke aus dem Metall eurer Wahl. Doch nun zurück zu den Verfahren und zu deinen Optionen. Aus meiner Sicht gibt es drei verschiedene Pfade, die du einschlagen könntest:

Verfahren	Einsatz	Beschreibung
Subtraktive Fertigung	Funktionale Prototypen	Teile, die für Prototypen »aus dem Vollen« gefräst werden, aber später durch Gussteile oder andere Verfahren ersetzt werden sollen

Verfahren	Einsatz	Beschreibung
Additive Fertigung Kunststoff	Nicht-funktionale Prototypen	Schneller Druck aus nicht belastbarem Kunststoff für die Prüfung von Geometrie, Handhabung, Kollisionsfreiheit usw.
Additive Fertigung Metall	Funktionale Prototypen	Teile, die für Prototypen aus dem endgültigen oder einem ähnlichen Material gefertigt werden, aber später durch Gussteile oder andere Verfahren ersetzt werden sollen.
	Serienteile	Teile, die auch in der Serie additiv gefertigt werden sollen

Natürlich ist die additive Fertigung nicht für alles eine Lösung, doch das Einsatzspektrum ist oft breiter als bisher angenommen. So fertigt zum Beispiel General Electric mehrere Teile eines neu entwickelten Turbinentriebwerks in der Serienproduktion additiv. Diese »gedruckten« Teile ersetzen hunderte von Einzelteilen – du siehst, es geht somit nicht nur um die Stückkosten in der Produktion. Durch solche Ansätze kann auch der Aufwand in der Beschaffung und Logistik reduziert werden, was eine additive Fertigung wieder preislich interessant machen kann. Auch hier meine Bitte an dich: Überlege, an welchen Stellen, für welche Komponenten du welche Art von alternativen Fertigungsmethoden vorsehen könntest.

Die Potenziale für den Einsatz alternativer Fertigungsmethoden in unserem Kontext:

Neben den Komponenten geht es auch um den Aufbau von Produkten: Wie kann dieser möglichst automatisiert in die Werkzeuge der Produktentwicklung eingebunden werden? Das ferne Ziel ist in diesem Zusammenhang, einen »Hardware-Compiler« zu haben, also etwas, das bei Änderungen im CAD sofort eine neue Version des Produkts herstellt und zusammensetzt. Das ist für den Einstieg vielleicht etwas ambitioniert, aber eventuell hast du eine Idee, wie ihr ein Produktinkrement in kürzerer Zeit zusammenbauen könnt. Dabei geht es wirklich um die Zeit und nicht um den Personaleinsatz. Wenn der Zusammenbau mit den Händen schneller geht, vergiss die Automatisierung. Das Thema Bau-Automatisierung überlappt sich stark mit dem Thema der Testautomatisierung, daher werde ich die Möglichkeiten im Abschnitt »Tests« darstellen. An dieser Stelle ist mir nur wichtig, eine kleine Intervention zu setzen und dich dazu zu bringen, regelmäßig über die (sinnvolle) Automatisierung beim Aufbau der Produkte nachzudenken.

Mehr Infos zu den Fertigungsverfahren findest du im roten Buch ab Seite 96.

3.1.4 Simulationen

Simulationen sind ein weiteres wichtiges Element, um die Zykluszeiten in der Produktentwicklung zu senken und mit kleinen Lernschleifen arbeiten zu können. Im Gegensatz zu den bisher angesprochenen Punkten Systemarchitektur und Produktionsverfahren haben Simulationen weniger Einfluss auf die Ausprägung eures Produkts. In einer klassischen, linearen Produktentwicklung werden Simulationen oft nur an jenen Punkten eingesetzt, wo keine klassischen Tests durchgeführt werden können, also wenn es zum Beispiel um Belastungen oder Lebensdauern in der Mechanik geht. Dadurch werden häufig die vorhandenen Möglichkeiten ausgenutzt.

In der agilen Entwicklung bekommen Simulationen jedoch einen neuen Stellenwert. Die verfügbaren Werkzeuge sind inzwischen sehr mächtig und auch über Domänen hinweg integriert. Es lohnt sich auf jeden Fall, in solche Werkzeuge, aber auch in Wissen zu investieren. Dabei handelt es sich jedoch um ein so spezielles Thema, dass ich dir an dieser Stelle nur schwer präzise Tipps geben kann. Du musst dich selbst mit den Möglichkeiten der einzelnen Werkzeuge beschäftigen und für dich entscheiden, wie du weiter vorgehen kannst. Ich kann dir nur ein paar Beispiele aus meiner Praxis nennen, und du kannst beurteilen, ob solche Themen bei euch schon eingeführt sind oder ob ihr noch auf dem Weg dorthin seid.

Beispiele für Mechanik-Simulationen:

- Kinematik/Kollisionserkennung
- Thermisches Verhalten
- Dynamisches Verhalten
- Stress/Lebensdauer
- Vibration
- Strömung
- Mold-Flow
- Montage

Beispiele für Elektronik-Simulationen:

- Signal-/Spannungsintegrität
- Thermisches Verhalten
- EMV/Highspeed

Beispiele für integrierte Simulationen:

- Leiterplatten-Layout und 3D-Modell
- Simulation von fehlenden Komponenten (z. B. Restbussimulation)
- Simulation von kompletten Sub-Systemen (z. B. Antriebsstrang und Fahrwerk)

Wie gesagt, das sind nur einzelne Beispiele. Wenn das für dich ein relevantes Thema ist, kannst du hier notieren, was ihr schon macht und was für dich die nächsten Schritte wären:

Die Potenziale für den Einsatz von Simulationen in unserem Kontext:

Mehr Infos zur Bedeutung von Simulationen findest du im roten Buch ab Seite 103.

3.1.5 Tests

Zur agilen Produktentwicklung gehört, dass jedes Inkrement vollständig getestet wird. Es müssen also im Sinne von Regressionstests häufig dieselben Tests wiederholt werden. In der Software-Entwicklung ist daher inzwischen üblich, dass bis hin zum Test der Benutzeroberfläche alles automatisiert und von Testservern direkt nach der Erstellung der Software automatisch ausgeführt wird. Auch bei der Entwicklung physischer Produkte ist es zielführend, auf einen hohen Test-Automatisierungsgrad zu setzen. Natürlich ist dies nicht auf allen Teststufen möglich – die Erprobung eines Kraftfahrzeugs im finnischen Winter kann nicht im heimischen Labor automatisiert werden.

Wenn du dir überlegst, was ihr bei euren physischen Produkttests automatisieren könntet, kannst du deine Gedanken zunächst aufteilen: in die Stimulation des Testobjekts und das Auswerten der Ergebnisse. Ziel ist, beide Kanäle pragmatisch zu handhaben und möglichst auf fertige Lösungen zurückzugreifen. Wenn du also

Signalpegel benötigst, schau dich nach I/O-Adaptern um, die du mit einem PC ansteuern kannst. Wenn ihr eine physische Manipulation an eurem Produkt benötigt, schau dir kleine Roboter aus der Lehre oder kleine Industrieroboter an (wenn es etwas Kräftigeres sein soll). Bei der Messung kannst du von Schaltern, Sensoren und Lichtschranken bis zur Bilderkennung alles Mögliche anwenden. Eine sinnvolle Automatisierung verbindet die Stimulation wie auch das Auslesen der Ergebnisse mit einem Testsystem, das sich um die Ausführung und Dokumentation der Tests kümmert.

Bevor ich dir ein Feld für deine Notizen zur Verfügung stelle, möchte ich dir als Inspiration hier noch ein paar Beispiele vorstellen.

Beispiele für die Automatisierung von Stimulation

- Restbussimulation
- Spannungspegel mit I/O-Karte am PC
- Betätigen von Tasten mit Lehr-Robotern
- Wechseln von Leiterplatten in Backplane mit Industrieroboter
- Ein- und Ausstecken von Steckern mit Industrieroboter
- Bedienung von Inkrementen mit Industrieroboter
- Einlegen von Werkstücken, Betätigung von Türen und Drücken von Taste mit Industrieroboter

Beispiele für automatisiertes Auslesen von Testergebnissen

- Restbussimulation
- Abgreifen von Signalen von der Zuleitung zum Display
- Positionsmessung mit Tastern oder Lichtschranken
- Auslesen von Schaltzuständen mit I/O-Karte am PC
- Bilderkennung mit Kamera auf Display
- Auslesen von Daten über Service-Schnittstelle

Auch hier gilt wie bei der Automatisierung des Zusammenbaus: Die Geschwindigkeit ist entscheidend. Im Zweifelsfall ist ein manueller Test besser, wenn er deutlich schneller als eine automatisierte Lösung ist. Beachte dabei aber, dass manuelle Tests fehleranfälliger sind als automatisierte Tests und letztere bei guter Automatisierung evtl. auch unbeaufsichtigt (nachts) ausgeführt werden können. Vielleicht hast du jetzt schon erste Ideen, wo euch eine Testautomatisierung bei den Regressionstests eures Produkts unterstützen könnte? Schreibe diese in die nachfolgende Box.

Mögliche sinnvolle Einsatzszenarien für Testautomatisierung (inklusive vermutlich benötigter Werkzeuge):

3.1.6 Beschaffung

Bisher habe ich Engineering-Aspekte diskutiert. Jetzt geht es um ein Thema, das etwas weiter von der Entwicklung entfernt ist, aber dennoch einen sehr großen Einfluss auf die Durchlaufzeiten in der Entwicklung hat. Vielleicht kannst du durch eine veränderte Beschaffungsstrategie sogar viel leichter die Zeiten reduzieren als durch Änderungen am Produkt selbst. Neben Bau- und Testzeiten spielen Beschaffungszeiten wesentlich in die Durchlaufzeiten hinein. Im Wesentlichen kannst du dabei zwei Ansätze verfolgen:

1. Von bestehenden Lieferanten gegen Aufpreis schnellere Lieferungen bekommen oder
2. neue Lieferanten suchen, die dieselben oder alternative Produkte gegen mehr Geld in kürzerer Zeit liefern können.

In beiden Fällen geht es um einen Tausch von Geld gegen Zeit. Falls du Verzögerungskosten erheben kannst, kannst du für dich abschätzen, wie viel Geld du für welche Verkürzung sinnvoll investieren solltest.

Weitere Informationen zu Verzögerungskosten findest du in dem beigelegten Artikel aus dem projektmagazin oder im roten Buch ab Seite 15.

In der Praxis ergibt sich oft das Problem, dass während der Entwicklung auch die Lieferanten für die spätere Serienproduktion qualifiziert werden sollen. Ein Wechsel zwischen einem schnellen Entwicklungslieferanten und einem preiswerten Serienlieferanten ist nicht immer einfach. Dennoch lohnt es sich, sich die Frage »Was wäre, wenn?« zu stellen. Ich habe verschiedene Notizfelder eingefügt, in denen du deine Möglichkeiten und Unmöglichkeiten aus Engineering-Sicht beschreiben kannst. Bitte halte dich dabei an die Engineering-Sicht und ignoriere für den Moment, wie die aktuellen Prozesse und Vorgaben für die Beschaffung aussehen. Stelle dir einfach vor, du könntest die Lieferanten gemeinsam mit deinen Teams auswählen und der Einkauf würde nur noch die Bestellung auslösen und die Zulieferung verfolgen. Natürlich kannst du nicht alle Zukaufteile hier aufschreiben – fokussiere dich daher auf jene, die bezüglich Zeitachse oder Engineering-Risiko für dich am wichtigsten sind.

Diese Zulieferteile könnte ich einfach gegen einen Mehrpreis schneller bekommen:

Diese Zulieferteile sind langfristig an einen Lieferanten gebunden oder sie sind auf dem Markt kaum verfügbar und ich sehe aktuell keine Möglichkeit, gegen Geld die Lieferzeit zu verkürzen:

Sind hier Teile dabei, die echte Spielverderber in puncto agile Produktentwicklung darstellen? Wenn ja, dann überlege dir, welche davon vielleicht in deiner Organisation selbst gefertigt werden könnten, um Zeiten zu verkürzen und Flexibilität zu gewinnen. Ich weiß, das ist ein großes und schwieriges Thema. In einer agilen Transformation, in der das Bewusstsein von Cost of Delay Einzug hält, können auch in der Vergangenheit getroffene »Make or Buy«-Entscheidungen hinterfragt werden. Diese wurden früher vermutlich nach »statischen« Kostengesichtspunkten getroffen. Jetzt geht es darum, eine flexible und reaktionsfreudige Entwicklungsorganisation zu schaffen – das kann auch andere »Make or Buy«-Strategien nach sich ziehen. Denke auch in diesem Punkt einmal kurz über die Möglichkeiten nach, ohne die aktuellen Rahmenbedingungen zu berücksichtigen:

Wenn wir folgende Zulieferteile in der eigenen Organisation produzieren könnten, würden wir bedeutend an Flexibilität gewinnen:

Bis zu dieser Stelle bin ich davon ausgegangen, dass es um klassische Beauftragungen geht und du an der Lieferzeit arbeiten musst. Es gibt bei komplexeren Zulieferungen jedoch noch eine zweite Dimension zu beachten: die gemeinsame Entwicklung mit dem Lieferanten. Bei einer agilen Arbeitsweise kannst du nicht mehr für alle Teile eine fertige Spezifikation überreichen, der Lieferant muss sich auf die agile Entwicklung und Zusammenarbeit einstellen. Was auf Engineering-Ebene noch eher dem Tagesgeschäft entspricht, hat einen großen Einfluss auf die Auswahl der Lieferanten und die Vertragsgestaltung. Du müsstest den Lieferanten nun nach Entwicklungsaufwand bezahlen und mit ihm gemeinsam regelmäßig die Planung sowie die inkrementelle Spezifikation überarbeiten. In diesem Workbook können wir nicht zu tief in die agile Vertragsgestaltung einsteigen. Lass uns daher einmal identifizieren, mit welchen Zulieferungen/Lieferanten eine agile Zusammenarbeit notwendig wäre:

Mit diesem Lieferanten sollten wir die Verträge so gestalten, dass wir im Verlauf der Entwicklung gemeinsam herausfinden können, wie das Zulieferteil genau aussehen soll:

Am Ende dieses Abschnitts möchte ich noch ein kleines Problem mit großen Auswirkungen ansprechen, das nichts mit der Beschaffungsstrategie zu tun hat. Es geht um die Liegezeiten im Beschaffungsprozess. Recht häufig machen die internen Liegezeiten einen signifikanten Anteil an der Zeit zwischen der Bestellung durch die Entwicklung und der Ankunft der Teile aus. Weißt du, wie die Liegezeiten in eurer Einkaufsabteilung aussehen? Natürlich gibt es auch Liegezeiten bei deinen Teams, zum Beispiel bevor die Bestellung ausgelöst wird oder bei der Beantwortung von Rückfragen durch den Einkauf; diese Themen könnt ihr aber eigenständig in den Griff bekommen. Die Einkaufsabteilung ist hingegen oft räumlich, organisatorisch und in puncto »Awareness« weit von der Entwicklung entfernt. Deshalb ist ein Abgleich zwischen den Organisationseinheiten und den einheitlichen Zielen des Topmanagements unerlässlich. Im Idealfall schafft der Einkauf Transparenz durch Backlogs und Kanban-Boards und kann die (hoffentlich) vorgegebenen Prioritäten zwischen den Entwicklungsvorhaben optimal in seine tägliche Arbeit integrieren.

Falls du wirklich den Einkauf mit Kanban beglücken möchtest, findest du mehr Infos im blauen Buch ab Seite 135.

3.2 Das Inkrement

Im vorhergehenden Kapitel habe ich die Verkürzung von Zykluszeiten in der Entwicklung durch die Veränderung mancher Engineering-Praktiken besprochen. Jetzt möchte ich auf das »Inkrement« eingehen. Das Inkrement ist ein essenzieller Bestandteil der agilen Entwicklung und ist vermutlich auch jener Aspekt, der auf den ersten Blick Scrum und physische Produkte schlecht vereinbar erscheinen lässt.

3.2.1 Bedeutung

Warum überhaupt »iterativ-inkrementell« entwickeln? Das Inkrement ist Dreh- und Angelpunkt in Scrum. Es dient der Fortschrittsmessung, der Analyse der Machbarkeit, der Validierung von Anforderungen und manchmal kann es sogar schon vom Kunden verwendet werden. Das Inkrement schafft die maximal mögliche Transparenz über die aktuelle Situation und ist die Basis für die Anpassung der weiteren Pläne.

Versuche dir mehr Klarheit über den Nutzen eines Inkrements in deinem Kontext zu verschaffen. Lies dir die möglichen Nutzen des Inkrements in der folgenden Auflistung durch und versuche, diese für dich zu priorisieren:

- Fortschrittsmessung: Wo stehen wir gerade? Was funktioniert? Was funktioniert noch nicht?
- Rückmeldung zur Machbarkeit: Ist die angestrebte Lösung zuverlässig, produzierbar usw.?
- Rückmeldung zu den Anforderungen: Ist es das, was der Kunde will?
- Früher Kundennutzen: Kann der Kunde die Inkremente schon sinnvoll für sich einsetzen?

Unsere Vorteile durch das Inkrement:

1. ______________________________

2. ______________________________

3. ______________________________

4. ______________________________

Die für dich wichtigen Aspekte eines Inkrements können sich im Lauf der Zeit verändern Am Beginn des Entwicklungsvorhabens sind vielleicht andere Rückmeldungen wichtiger als später, wenn es schon in Richtung Serienproduktion geht.

Mehr Informationen zum Nutzen eines Inkrements findest du im roten Buch ab Seite 79.

Prinzipiell kannst du also folgende Arten von Inkrementen unterscheiden:

- Das Produkt als Inkrement
- Modellbasierte Inkremente (abgeschwächte Reifegrade oder Abstraktionen des Produkts, dazu gleich mehr)
- Ideelle Inkremente (Inkremente, die z. B. Wissen aufbauen oder Werte festigen)

3.2.2 Reifegrade

Wenn es um die Verkürzung der Zykluszeiten in der Entwicklung geht, ist ein naheliegender Ansatz, nicht immer das komplette Produkt, sondern einzelne Artefakte im Entwicklungsprozess als Inkrement zu sehen, wie Zeichnungen, Konzepte, Analysen usw. Wenn wir die eigentliche Forderung von Scrum, ein Inkrement zu erstellen, das potenziell produktiv eingesetzt werden könnte, als ein Ende einer möglichen Skala sehen, wären Zeichnungen & Co. als Inkremente am anderen Ende der Skala angesiedelt. Zeichnungen oder Konzepte sind aus meiner Sicht keine brauchbaren Inkremente, diese Beispiele sind viel eher unbestätigte Theorien. Du kannst das Beispiel einer Zeichnung mit den vier Nutzen des Inkrements aus dem vorigen Abschnitt vergleichen, um zu sehen, dass dies zwar ein einfacher Ansatz wäre, aber nicht dem Inkrement-Gedanken dient. Viel mehr würde es sich dann um klassisches Projektmanagement handeln und Scrum würde zu einer »Methode« degradiert, mit der man die Aufgaben im Projekt verwaltet.

Es gilt also, den Inkrement-Gedanken so gut wie möglich beizubehalten und trotzdem eine Vereinfachung gegenüber der – in der Software einfacher umzusetzenden – Maximalforderung zu erreichen. Der Schlüssel dazu ist, zwar immer das ganze Produkt als Inkrement zu sehen, aber in der Reife des Produkts flexibel zu bleiben. Das ist natürlich ein Verstoß gegen den Scrum-Gedanken, denn Inkremente mit reduzierter Reife sind eben nicht potenziell auslieferbar. Der Ansatz ist jedoch, diesen einen Nutzen zu opfern, um die anderen drei Nutzen möglichst gut mitnehmen zu können.

Inkremente in diesem Sinn könnten also zum Beispiel sein:

- Simulationen
- Mockups
- Wegwerf-Prototypen
- Produkte mit anderen Materialien (z. B. Eval-Boards)
- Produkte mit anderen Fertigungsverfahren/Werkzeugen (z. B. 3D-Druck)
- Produkte mit Komponenten von Vorgängerversionen

Die Reife muss im Zeitverlauf nicht streng monoton ansteigen. Es kann durchaus Sinn ergeben, beim Hinzufügen einer neuen Funktionalität in der Reife wieder nach unten zu gehen. Wichtig ist, zumindest eine grobe Roadmap für die Reife im Zeitverlauf zu machen, insbesondere dann, wenn es bestimmte Kundenmeilensteine gibt, an denen du Inkremente bzw. Muster abliefern musst. In diesem Punkt unterscheidet sich das Vorgehen von jener in der Software-Entwicklung, wo immer mit der maximalen Reife gearbeitet wird (Abbildung nächste Seite).

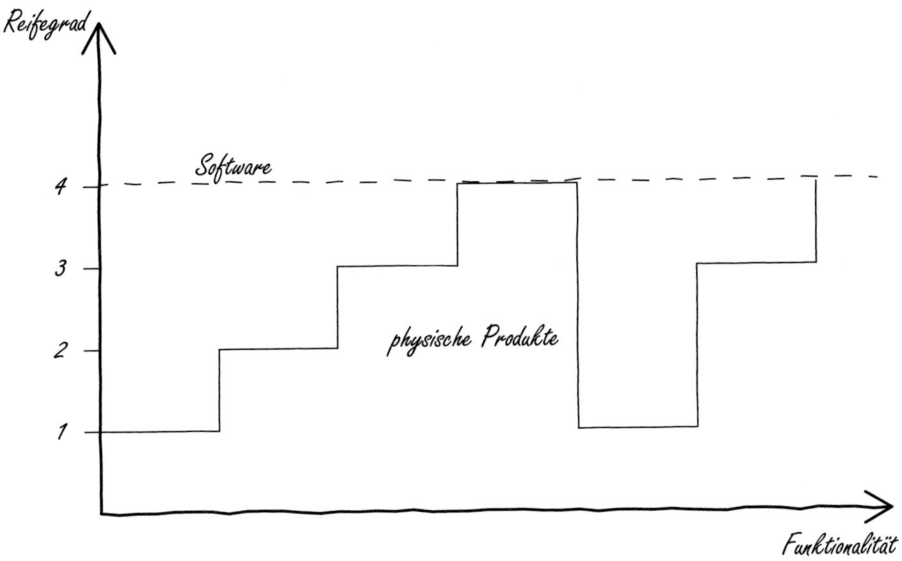

Nimm dir an dieser Stelle etwas Zeit, um über für dich sinnvolle Reifegrade nachzudenken. Im nächsten Kasten kannst du verschiedene Szenarien durchspielen, um das für dich passende Modell der Reifegrade zu finden. Du musst nicht unbedingt auf fünf Reifegrade kommen, vielleicht ergeben in deinem Fall auch nur zwei oder drei Reifegrade Sinn. Mehr als fünf würde ich persönlich aber nicht verwenden.

Reifegrade unseres Produkts (eventuell mehrere Szenarien):

3.2.3 Modellbasierte Inkremente

Eine andere Sicht auf die im vorherigen Abschnitt beschriebenen Reifegrade ist, dass ein Inkrement ein Modell des eigentlichen Produkts im Sinne des Model Based Systems Engineering (MBSE) darstellt. Falls du dich mit MBSE beschäftigt, kommt dir diese Sicht vielleicht gelegener. Um in die Diskussion einzusteigen, möchte ich zunächst noch einmal kurz darstellen, was ein Modell (nach der allgemeinen Modelltheorie) ausmacht. Ein Modell

- bildet ein Original/die Wirklichkeit ab,
- reduziert/abstrahiert das Original und
- macht dies im Hinblick auf einen bestimmten Nutzen/Zweck.

Bezogen auf unseren Kontext der agilen Produktentwicklung bedeutet dies, dass ein Modell alles ist, was das wirkliche Produkt in irgendeiner Form zu einem bestimmten Zweck abstrahiert. Somit gelten nicht nur digitale Modelle als Modelle, sondern auch physische Prototypen oder Mockups.

Was den Zweck der Modelle betrifft, lässt sich im Systems Engineering prinzipiell zwischen Modellen für die Beschreibung des Problemraums und solchen für die Beschreibung des Lösungsraums unterscheiden. Agile Ansätze wie Scrum bringen bereits bestimmte Modelle mit: So können zum Beispiel Backlogs oder eine User Story als Modelle für den Problemraum angesehen werden. Modelle lassen sich auch dahingehend unterscheiden, ob sie formal oder informal sind, also ob sie nach bestimmten Regeln oder in einer bestimmten Syntax erstellt wurden bzw. vorliegen. Bei den formalen Modellen kann noch unterschieden werden, ob das Modell maschinell interpretierbar bzw. ausführbar ist oder nicht.

Die beschriebene Zweckgebundenheit (nach der Modelltheorie »der Pragmatismus«) eröffnet für agile Produktentwickler:innen ein weites Feld, um Modelle in Scrum einsetzen zu können. Als Impulse habe ich in der folgenden Tabelle ein paar Beispiele aufgeführt:

Modell	**informal (i) formal (f) ausführbar (a)**	**Problemraum (P) Lösungsraum (L)**	**Zweck**	**Nutzbar als Inkrement**
Kontext-Diagramm (SysML)	f	P	Verständnis Systemgrenzen	n
Use Case Diagramm	f	P	Verständnis Anwendungsfälle	n
User Story	i	P	Verständnis Anwendungsfall/Anforderungen	n
Mockup (z. B. Design-Prototyp)	i	P	Verständnis Anforderungen	j

Modell	informal (i) formal (f) ausführbar (a)	Problem-raum (P) Lösungs-raum (L)	Zweck	Nutzbar als Inkrement
Funktionaler Prototyp	a	P/L	Technisches Konzept	j
Timingdia-gramme	f	L	Technisches Konzept	n
Technische Simulation	a	L	Machbarkeit/ Auslegung	j
UI-Simulation	a	L	Benutzbarkeit	j
Schaltplan	a	L	Technisches Konzept	n
Zeichnung	f	L	Technisches Konzept	n

Wie gesagt, das sind nur ein paar Beispiele, die Liste ist weder umfassend noch vollständig noch habe ich das letzte Wort darin, ob etwas als Inkrement nutzbar ist oder nicht. Aber vielleicht hilft es dir, für deine Umgebung nachzudenken, welche Modelle du nutzen möchtest und ob diese als Inkrement geeignet wären. Die Top-Level-Sicht auf modellbasierte Inkremente wäre dementsprechend:

»Ein Inkrement ist ein konsistenter Satz an Modellen am Ende der Iteration.«

Im Folgenden kannst du als Ergänzung oder Alternative zu den Reifegraden auch auflisten, welche modellbasierten Inkremente du verwenden möchtest. Nutze diesen Arbeitsbereich einfach für die Überarbeitung des Arbeitsbereichs in Abschnitt 3.2.2.

Weitere Gedanken zu den Reifegraden unseres Produkts:

Egal, ob du in Reifegraden oder Modellen denkst und was du hier alles aufgeschrieben hast, wie gut das alles in der Praxis funktioniert und wie nützlich es für dich ist: Du musst es erst einmal ausprobieren und lernen. Sei also offen dafür, die Definitionen anzupassen, wenn du erkennst, dass sie noch nicht optimal sind.

3.2.4 Definition of Done

Die Definition of Done (DoD) definiert den Zustand, in dem das Inkrement am Ende des Sprints erwartet wird. Es geht darum, ein gemeinsames Verständnis von »Done« zu entwickeln und dieses aufzuschreiben. Dadurch wird verhindert, dass das Inkrement im Zustand »eigentlich fertig« präsentiert wird, obwohl noch Arbeit offen ist, die nirgends dokumentiert und sichtbar ist (und wenn es nur um das Ablegen von Dateien im Projektordner geht).

Die Definition of Done stellt also Querschnittsanforderungen an ein Inkrement und vermerkt Aspekte, die auf alle Product Backlog Items zutreffen. Sie wird oft mit den Acceptance Criteria verwechselt, die allerdings die Anforderung für ein spezifisches PBI definieren.

Allgemein lässt sich sagen, dass die DoD aus folgenden drei Aspekten bestehen kann:

- Administrative Aspekte, wie zum Beispiel Dateiablage, Konfigurationskontrolle
- Qualitätsaspekte, wie zum Beispiel Testabdeckungen, Reviews
- Nichtfunktionale Anforderungen

Wenn du für dein Produkt mehrere mögliche Inkremente bzw. Reifegrade oder Modelle definierst, muss deine Definition of Done entsprechende Abschnitte enthalten: Jede Ausprägung des Inkrements bekommt eine eigene DoD. Im Rahmen dieses Workshops eine DoD für die Inkremente eures Produkts festzulegen, wäre vermutlich zu früh. Ich empfehle, eine erste Version zusammen mit deinen Teams festzulegen und diese dann regelmäßig zu überarbeiten.

3.2.5 Sprintlänge

Die Länge der Sprints ist mit der Definition der Inkremente eng verbunden. Laut Scrum Guide ist ein Sprint eine Timebox, die einen Monat oder weniger lang ist. Schafft ihr es aktuell, im Monatstakt neue Inkremente zu entwickeln und zu testen? Vermutlich nicht. Hier müssen wir das Konzept des Sprints etwas umdenken.

Der Sinn des Sprints ist, innerhalb dieser Zeit, in einem festen Takt, Produktinkremente zu präsentieren, die potenziell auslieferbar, also »done« sind. Diese dienen dazu, den Entwicklungsfortschritt zu messen und Feedback von den Stakeholdern einzuholen. Auf Basis dieses Feedbacks wird dann der Plan (das Product Backlog) angepasst: Transparency – Inspection – Adaptation.

Wenn euer aktueller Durchlauf von der Idee bis zum getesteten Inkrement (auch unter Anwendung der zuvor beschriebenen Reifegrade) länger als ein Monat ist, dann musst du zunächst einmal damit umgehen. Natürlich sollte dein Bestreben sein, diese Zeiten ständig zu reduzieren, wir haben in Kapitel 3.1 darüber gesprochen. Wenn ihr aber nun zum Beispiel drei Monate für ein Inkrement benötigt, dann erfüllt diese Schleife die Funktion eines Sprints: Fortschrittsmessung, Feedback, Plananpassung. Einen Scrum Sprint von drei oder mehr Monaten zu planen, würde dich jedoch viel Transparenz kosten. Solche Zeiträume können im Gegensatz zu zwei oder drei Wochen nicht mehr intuitiv geplant und nachverfolgt werden. Ein üblicher Ansatz ist daher, mit einer geschachtelten Taktung (Kadenz) zu arbeiten: Das Inkrement läuft in unserem Beispiel in einem Takt von drei Monaten, darunter findet Scrum mit einer Sprintlänge von zum Beispiel zwei Wochen statt.

Die Herausforderung bei geschachtelten Kadenzen ist, Scrum mit den kurzen Takten nicht zur reinen Aufgabenverwaltungsmaschine zu degradieren und mit Scrum einen mehrmonatigen Wasserfallprozess umzusetzen. Zu Beginn wird das vielleicht so sein, deine Teams müssen aber ständig darüber nachdenken, wie im Scrum-Takt dennoch halbwegs brauchbare Inkremente erzeugt werden können.

Oft bietet es sich an, dass die Software im Scrum-Takt Inkremente liefert und Mechanik und Elektronik in eigenen Takten Inkremente liefern. Das spielt dann wie in der Musik mit verschiedenen Notenwerten zusammen, siehe folgende Abbildung. Eine solche Anordnung von festen Takten bietet den Entwicklungsteams und der ganzen Organisation feste Synchronisationspunkte für Feedback und Abstimmung.

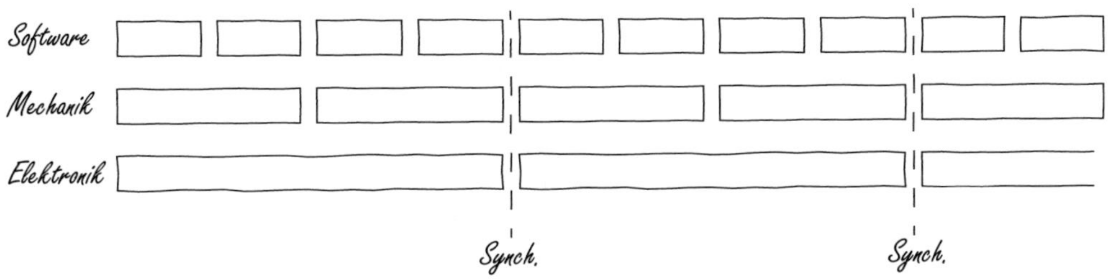

Im Kapitel über das Produkt hast du schon notiert, wie die aktuellen Durchlaufzeiten aussehen und wie sie in Zukunft sein könnten. Hier kannst du nach dem Konzept der geschachtelten Kadenz überlegen, wie du verschiedene Takte für verschiedene Domänen definieren könntest. Da vermutlich auch in deiner Organisation die Software den kleinsten Takt liefern kann, sollten alle anderen Zyklusdauern ein Vielfaches davon umfassen. Lege dann, falls es nicht eindeutig ist, auch die Sprintlänge in Scrum fest.

Mögliche Taktzeiten für unser Produkt:

Inkrement:

Software: *Mechanik:*

Elektronik: ______:

Unsere Sprintlänge wäre dann:

3.3 Das Product Backlog

Das Product Backlog ist mehr als die Sammlung von Anforderungen und anstehenden Aufgaben – es ist in der agilen Entwicklung das wichtigste Werkzeug für die Steuerung und Kommunikation. In diesem Kapitel geht es um ein paar grundlegende Aspekte des Product Backlogs sowie um das initiale Backlog für die ersten Sprints.

3.3.1 Product Backlog Items

Die Elemente im Product Backlog nennen wir Product Backlog Items (PBIs). Das ist ein neutraler Begriff, denn im Product Backlog (PBL) können sich verschiedene Dinge wiederfinden, zum Beispiel Anforderungen wie User Stories oder Aufgaben wie Architekturanpassungen. Du solltest also für dich und dein Team im Vorfeld definieren, was mögliche Elemente für das Product Backlog sind. Ich würde aber nicht ad hoc neue Elemente erfinden. Es ist ja legitim, die Liste in einer Retrospektive zu erweitern, wenn es euch nützt.

Der Hauptteil des Backlogs wird aus Anforderungen bestehen, denn das PBL legt den Fokus auf das »Was«, während sich das Sprint Backlog um das »Wie« kümmert. PBIs für Anforderungen können verschieden gestaltet werden: Für Funktionalitäten, die für Menschen relevant sind, werden oft »User Stories« verwendet; diese beschreiben das Systemverhalten aus Benutzersicht. User Stories sind meist etwas abstrakt und werden durch sogenannte Akzeptanzkriterien präziser definiert. User Stories sind jedoch kein Bestandteil des Scrum Frameworks und müssen daher nicht unbedingt eingesetzt werden. Ich persönlich würde User Stories nur für die Interaktion mit Menschen verwenden. Technische Anforderungen in User Stories zu zwingen oder vorhandene Anforderungen aus einem Lastenheft in User Stories zu übersetzen, halte ich persönlich nicht für sinnvoll. Aber hier gibt es kein Falsch und kein Richtig, du musst deinen eigenen Weg finden.

Mehr zu User Stories findest du im blauen Buch ab Seite 125.

Falls du von eurem Kunden ein Lastenheft mit hunderten oder tausenden Anforderungen bekommen hast, ist es nicht sinnvoll, diese eins zu eins in euer Backlog zu kippen. Unter diesen Voraussetzungen besteht die Herausforderung darin, funktionale Cluster zu bilden, eventuell über mehrere Ebenen. Zum Beispiel:

1. Use Cases
2. Features
3. Anforderungen

Vielleicht benötigst du noch mehr Ebenen oder andere Begriffe – kein Problem. Diese Gedanken sind jedoch wichtig, denn nur so kannst du sinnvoll mit dem Product Backlog arbeiten, wenn du schon sehr viele vorgefertigte Anforderungen hast. Wenn ihr direkt für den Markt entwickelt und noch wenig definiert habt, könnt ihr natürlich ganz agil das Backlog nach und nach wachsen lassen. Schreibe an dieser Stelle deine ersten Gedanken auf: Welche »Hierarchieebenen« von Anforderungen ergeben für dich und euer Produkt Sinn? Vielleicht kannst du ja bestehende Konzepte aus der Organisation übernehmen. Ich stelle hier einfach einen leeren Kasten zur Verfügung, vielleicht willst du etwas zeichnen, oder verschiedene Szenarien durchspielen.

Mögliche Hierarchieebenen für Anforderungen:

Bevor du dein Konzept zu euren Backlog Items aufschreiben kannst, möchte ich noch auf eine andere Form von PBIs eingehen, nämlich Aufgaben. Im Rahmen von Scrum wird recht strikt zwischen dem »Was« und dem »Wie« getrennt. Demnach wären im Product Backlog nur Anforderungen zu finden, die das »Was« beschreiben, wohingegen im Sprint Backlog anhand von Aufgaben das »Wie« geplant wird. In der Praxis gibt es jedoch einen relevanten Fall, in dem auch Aufgaben im Product Backlog zu finden sind: Dabei handelt es sich um Aufgaben, um technische Schulden zu reduzieren. Das sind keine Anforderungen, sondern konkrete Aufgaben. Im Hinblick auf die Team-Kapazität konkurrieren diese Aufgaben mit den Anforderungen im Backlog. Es ist die Verantwortung des Product Owners, den funktionalen Fortschritt und die »Systemgesundheit« Sprint für Sprint gegeneinander abzuwägen.

Wenn ihr mit geschachtelten Kadenzen arbeitet und die Inkremente in den eigentlichen Scrum Sprints etwas schwach sind, wird das »Wie« aus dem Sprint Backlog – also was ist technisch zu tun – auch in das Product Backlog schwappen. Das ist in Ordnung, achte aber darauf, dass das PBL nicht zu einer ordinären To-do-Liste wird. Versuche die Was-Wie-Trennung im Scrum-Sinn so gut wie möglich aufrecht zu erhalten.

Genug geredet, jetzt kannst du dir überlegen, welche Arten von Backlog Items du benutzen willst.

Unsere Backlog Items:

3.3.2 Definition of Ready

Für jede Art von Backlog Item sollte dein Team eine Definition of Ready (DoR) festlegen. Diese dient dem gemeinsamen Verständnis dafür, wann ein Backlog Item eine ausreichende Qualität besitzt, um in einen Sprint gezogen werden zu können. Was genau in der DoR steht, hängt von deinem Team und Produkt ab. Zumindest sollte die DoR aber folgende Informationen umfassen:

- Das Item ist von allen verstanden.
- Das Item ist geschätzt.
- Der Schätzwert des Items ist nicht größer als ____ .

Natürlich können beliebige weitere kontextabhängige Dinge hinzukommen, zum Beispiel: Wer sollte das Item gesehen haben? Wie sollte das Item dokumentiert sein? Was muss alles geklärt/geprüft sein, bevor das Item als »ready« bezeichnet wird?

Product Backlog Items sollten als »ready« oder »not ready« markiert werden. Beim Einsatz elektronischer Werkzeuge für die Backlog-Verwaltung kann das über Kennzeichnungen wie Labels, über den Workflow-Status oder über bestimmte Zeichen im Text markiert werden. Egal, was ihr einsetzt: Die Markierung sollte leicht zu erstellen, leicht zu erkennen und leicht zu filtern sein. Bevor das Team loslegt, sollte eine initiale Definition of Ready erstellt werden. Diese kann nach und nach vom

Team angepasst bzw. verbessert werden. Die Plattform für Anpassungen der DoR ist die Retrospektive. Beim Einsatz mehrerer Teams müssen sich diese auf eine gemeinsame DoR einigen, denn sie gilt für das Product Backlog und es gibt auch mit mehreren Teams nur *das eine* Product Backlog. Wie erwähnt kann es aber für verschiedene Arten von PBIs auch verschiedene DoRs geben. Die Definition eines Bugs muss anderen Kriterien genügen als jene von Anforderungen oder des Architektur-Refactorings.

Hier kannst du deine ersten Gedanken zur DoR notieren. Am Ende wird diese aber von deinem Team definiert:

Erste Gedanken zur Definition of Ready:

3.3.3 Der Product Owner und das Backlog

Bereits im ersten Teil dieses Buchs bin ich auf die Verteilung der Verantwortlichkeiten im Scrum Team eingegangen. An dieser Stelle möchte ich noch einmal auf die Aufgaben des Product Owners eingehen. Wie beschrieben, trägt er zwar die Verantwortung für das Backlog, muss aber deswegen nicht zwangsläufig redaktionell damit arbeiten. Gerade in crossfunktionalen Teams, die physische Produkte entwickeln, besteht viel Expertise über die Anforderungen, die Technologien und vor allem die technisch bedingten Abhängigkeiten zwischen den Anforderungen. Daher ist es nicht unüblich, dass sich alle Mitglieder des Scrum Teams an der Arbeit am Backlog beteiligen. Das entlastet zwar auf den ersten Blick den Product Owner, kostet aber wertvolle Entwicklungskapazität im Team. Der Product Owner sollte darauf achten, dass die Arbeit am Backlog insofern balanciert ist, als dass er den Großteil übernimmt und nur jene Aspekte an andere Teammitglieder auslagert, für die wirklich Entwicklungsexpertise gefragt ist.

3.3.4 PBL für den ersten Sprint

Das Product Backlog muss immer in einem so guten Zustand sein, dass zwei bis drei Sprints als »Ready Items« an oberster Stelle im Backlog liegen. Der Aufwand dafür wird meist unterschätzt, daher ist das Product Backlog Refinement ein sehr wichtiges Meeting, das nicht leichtfertig geopfert werden sollte. Dies alles gilt für ein eingespieltes Scrum Team. Doch auch vor dem ersten Sprint sollte das Backlog für die nächsten ein bis zwei Sprints in einem perfekten Zustand sein. In diesem Stadium steht sogar noch viel mehr auf dem Spiel, als wenn unterwegs einmal kurz die Qualität des Backlogs einbricht.

Wenn ein Team mit Scrum startet, wird es mit vielen Neuerungen konfrontiert: neue Verantwortlichkeiten, neue Events – insgesamt eine komplett neue Arbeitsweise. Die Qualität des Product Backlogs ist daher entscheidend, um dem Team im ersten Sprint genug Sicherheit zu geben. Üblicherweise braucht das gesamte Team für die Vorbereitung eines initialen Product Backlogs einen zwei- bis dreitägigen Workshop. Das klingt zunächst nach sehr viel Aufwand, dieser rechnet sich jedoch auf jeden Fall. So sind allen Teammitgliedern die Inhalte der ersten Sprints klar, das Backlog ist in allen Köpfen präsent. Nicht nur das erste Sprint Planning, sondern auch der ganze Sprint werden daher von der inhaltlichen Seite so reibungsfrei wie möglich ablaufen. Das einzig Unbekannte wird die Arbeit mit Scrum sein.

Insbesondere das Kleinschneiden von Tätigkeiten, die bisher viele Wochen oder gar Monate gedauert haben, fällt am Anfang sehr schwer und erfordert einige Diskussionen. Die Backlog-Workshops vor dem ersten Sprint sind für das neu aufgesetzte Scrum Team sozusagen die Stunde der Wahrheit: Auch wenn in den vorgelagerten Trainings alles klar erschien, sind die Backlog-Workshops doch der erste spürbare Einstieg in eine Produktentwicklung mit kleinen Inkrementen.

Versuche bei einem solchen Workshop den Fokus darauf zu legen, dass allen Beteiligten klar ist, was im ersten Sprint geschehen soll. Du kannst zwar versuchen, das Prinzip der Was-/Wie-Trennung hochzuhalten und die Items möglichst klein zu schneiden, doch gehe pragmatisch an die Sache heran. Ein richtig agiles Product Backlog würde in der Regel zu diesem Zeitpunkt alle Beteiligten überfordern. Für mich ist in solchen Workshops wichtig, dass allen Beteiligten klar ist, was im ersten Sprint passieren wird, welche Aufgaben jedes Teammitglied zu erledigen hat, und dass zumindest an manchen Stellen so etwas wie Teamwork stattfindet und nicht jedes Teammitglied getreu der alten Arbeitsweise mit einem eigenen Backlog aus dem nachfolgenden Sprint Planning herauskommen wird. Du kannst in diesen Workshops auch probehalber ein Sprint Planning machen: Das hilft allen zu verstehen, dass sie selbst entscheiden werden, was in den Sprint passt; und sie können ein Gefühl dafür entwickeln, was in die angestrebte Sprintlänge passen wird und was nicht.

Ob du und dein Team in den initialen Backlog-Workshops auch Schätzungen für die Backlog Items durchführt oder nicht, überlasse ich euch. Schätzungen erleichtern die Arbeit mit dem Backlog sehr, es kann das Team aber auch überfordern, wenn die relative Schätzweise zeitgleich mit allen anderen Aspekten der neuen Arbeitsweise eingeführt wird. Das Schöne an kurzen Sprints, zum Beispiel mit einer Länge von zwei Wochen, ist, dass jedes Teammitglied auch ohne numerische Schätzungen schnell ein Gefühl dafür entwickeln kann, was in einem solchen Zeitraum möglich ist und was nicht.

3.4 Entwicklungsteams und das Umfeld

Nun geht es darum, das Umfeld deines Vorhabens abzustecken. Es geht also um die Rahmenbedingungen, unter denen du mit Scrum arbeiten möchtest.

3.4.1 Stakeholder

Die Verantwortlichkeiten in den Teams sind durch Scrum und/oder das Skalierungsframework definiert. Viel interessanter ist, wie bisherige Zuständigkeiten in die neue Arbeitsweise überführt werden könnten. Hier geht es darum, dass interne wie auch externe Stakeholder über die neue Arbeitsweise aufgeklärt und mit ihnen bestimmte Spielregeln vereinbart werden. Nur so können die neuen agilen Rollen zum Leben erweckt werden.

Eine wichtige Gruppe von Stakeholdern sind interne Führungskräfte oder andere Fachbereiche, die punktweise mit der Produktentwicklung interagieren – Beispiele dafür sind hohe Führungskräfte, Personalwesen, Controlling usw. Für diese Stakeholder ist es wichtig zu wissen, wer ihre Ansprechpartner:innen für welche Themen sind. Mache dir an dieser Stelle kurz Gedanken, mit wem du Kontakt aufnehmen solltest. Erkläre das Vorgehen in kurzen Meetings und biete Info-Events an. Erstelle eine Liste mit Ansprechpartner:innen und Themen.

Mit folgenden Führungskräften werde ich reden, um ihnen das Konzept unserer agilen Arbeitsweise zu erklären. Ich werde sie bitten, sich zumindest in unserer Pilotphase an die vereinbarten Spielregeln zu halten:

Eine weitere interessante Gruppe sind die internen Stakeholder, die das Produkt mitgestalten, also mit der Product-Owner-Organisation zusammenarbeiten. Hier ist es oft schwierig, die Kommunikation über die Product Owner zu kanalisieren. Diese Stakeholder-Gruppe ist in der Regel gut vernetzt und nutzt dementsprechend Abkürzungen, um ihre Anliegen zu adressieren. Dasselbe gilt für externe Stakeholder, wie zum Beispiel Kunden. Das Management dieser Stakeholder wird manchmal vom Management und den Product Ownern etwas vernachlässigt oder ignoriert, weil es unangenehm sein kann, den Kunden auf entsprechende Spielregeln hinzuweisen. Wenn ein Kunde jedoch freien Zugang zur gesamten internen Entwicklungsorganisation hat, untergräbt das die Autorität der Product Owner und kann das ganze Vorhaben gefährden. Erstelle eine erste Liste mit internen und externen Stakeholdern – das wird für die späteren Product Owner ein wichtiger Input sein:

Das sind unsere internen und externen Stakeholder, soweit derzeit bekannt:

3.4.2 Linienorganisation

In einer traditionellen Organisation sind Abteilungen und Teams fachspezifisch geschnitten. In einem agilen Umfeld – insbesondere in skalierten agilen Umgebungen – arbeiten hingegen Teams mit bunt gemischten Expertisen zusammen. Es stellt sich also die Frage, was aus der bisherigen Linienorganisation wird.

Grundsätzlich wird die Linienorganisation bestehen bleiben, denn sie bietet einen stabilen Rahmen mit definierten Entscheidungsbefugnissen für Führungskräfte. Wenn agil gearbeitet wird, verändern sich aber die Aufgaben der Führungskräfte: Sie sind nun für die Organisationsentwicklung verantwortlich und nicht mehr für die Produktentwicklung – genauer gesagt: nur noch indirekt für die Produktentwicklung, indem sie Ziele und Rahmenbedingungen zur Verfügung stellen. Aus dieser Beschreibung kannst du erkennen, dass das agile Arbeiten insbesondere für die unterste Hierarchieebene (z. B. Teamleiter:innen) eine sehr starke Veränderung mit sich bringt. Diese Führungskräfte waren bisher sehr nah am Produkt und wenig in die Organisationsentwicklung involviert. So ist es nicht verwunderlich, dass jene Unternehmen, die seit Jahren agile Erfahrungen gesammelt haben, diese Ebene umwandeln: Wer am Produkt arbeiten will, wird Product Owner und ist keine klassische Führungskraft mehr (und hat dennoch ein wichtiges Leadership inne); wer sich um Menschen und Organisation kümmern will, bleibt Führungskraft, ist aber vom Produkt entkoppelt.

Wenn du erst die ersten Schritte mit Agilität unternimmst, bist du noch weit davon weg, am Organigramm Hand anzulegen. Das ist auch nicht notwendig! Um Erfahrungen zu sammeln, kannst du dir zusammen mit einem ranghohen Sponsor aus dem Management, den du ohnehin benötigst, um im größeren Stil agil entwickeln zu können, eine kleine agile Blase schaffen: Beziehe, wie im vorigen Abschnitt beschrieben, alle wichtigen Stakeholder mit ein und bitte sie, sich an die Spielregeln zu halten. Für die untersten Führungsebenen musst du überlegen, wie du sie weiterhin mit einbinden kannst, hier ist oft auch eine hohe technische Expertise vorhanden. Eine Mitarbeit in den agilen Teams auf Augenhöhe ist aber nicht für alle Persönlichkeiten und Interessenlagen einfach. Oft schlüpfen diese in eine Art interne Beratungsrolle, was dann aber – je nach genauem Setting – für die Teams schwierige inhaltliche Abhängigkeiten schaffen kann. Wie bei vielen Themen in agilen Transformationen gibt es dafür keine Musterlösung. Du musst anhand deiner Organisation und den darin wirkenden Menschen eine Lösung finden, die für alle befriedigend ist. Notiere erste Ideen zum Umgang mit den Teamleiter:innen in deinem Umfeld; das kann durchaus von Person zu Person unterschiedlich sein.

Teamleiter:innen (o.ä.), die bisher am Produkt mitgewirkt haben und deren Mitarbeiter:innen jetzt (zu Teilen) in den agilen Teams arbeiten, könnten folgende Aufgaben im agilen Kontext übernehmen:

3.4.3 Product Owner

Eigentlich wäre ein Product Owner so etwas wie ein:e Produktmanager:in. In der Praxis sind Produktmanager:innen aber oft sehr weit von der Entwicklung entfernt und verwalten (zu) viele Produkte parallel. In Scrum ist ein Product Owner hingegen mit der Entwicklung eines Produkts voll ausgelastet und somit ein:e Vollzeit-Produktmanager:in für ein Produkt. Der Product Owner trifft aber auch Entscheidungen, die bisher oft von Produktmanager:innen getroffen wurden. Du musst dir also gut überlegen, wer Product Owner sein könnte und wie die Verteilung der Verantwortlichkeiten geregelt sein soll. Als Unterstützung schreibe ich hier die Aufgaben des Product Owners noch einmal stichwortartig auf:

- Kommunikation mit den Stakeholdern, um die angestrebte Beschaffenheit/ die Eigenschaften des Produkts zu klären
- Redaktionelle Arbeit am Backlog
- Diskussion des Backlogs mit den Developern
- Priorisierung des Backlogs
- Indirekt durch die Arbeit am Backlog
  - Abwägung von Chancen und Kosten
  - Entscheidungen über den Zeitplan
  - Entscheidungen über die Produktfunktionalität
  - Entscheidung über Entwicklungs- und Produktionskosten

Wer in deiner Organisation hätte die entsprechenden Kenntnisse und Befugnisse, um diese Rolle zu 100 Prozent auszuüben? Die Entscheidungen über Rollenbesetzungen in Scrum werden mit dem Team gemeinsam getroffen und in einem Meeting, der Team-Charter, beschlossen und dokumentiert. Bevor wir zur Team Charter kommen, kannst du an dieser Stelle deine ersten Gedanken zur Besetzung der Product-Owner-Rolle sammeln:

Meine Gedanken zur Besetzung der Product-Owner-Rolle:

3.4.4 Team(s) und Scrum Master

Vielleicht hast du schon abgesteckt, wie viele und welche Developer benötigt werden, um dein Produkt zu entwickeln. Die Herausforderung für dich wird sein, die Teamgröße klein zu halten und im Gegenzug alle Teammitglieder mehr oder weniger exklusiv für dein Vorhaben zu bekommen. Idealerweise sind also alle zu mindestens 80 Prozent mit dabei. Du musst die Entscheidung treffen, wer mit Scrum arbeitet und wer nicht. Ich empfehle, am Anfang lieber mit kleinen Teams mit 100-Prozent-Mitgliedern zu starten. Kolleg:innen, die nur zu 60 Prozent oder weniger dabei sein können, würde ich außen vor lassen. Oft sind dies Expert:innen, die dann als »freie Berater:innen« außerhalb der Scrum Teams agieren können.

Mit diesen Gedanken kannst du überlegen, wie viele Teams du gestalten möchtest und wie groß diese sein sollten (wie erwähnt ist das Optimum natürlich ein Team).

Ich werde mit insgesamt ______________________ Developern starten

und rechne damit, dass dies ein Setting von ________ Scrum Teams ergibt.

Für die Scrum-Master-Rolle(n) werden oft Developer in »Teilzeit« vorgesehen. Bei diesem Ansatz würdest du aber viel Potenzial verschenken, da es immer Konflikte zwischen Tätigkeiten der Organisationsentwicklung und der Entwicklung geben wird. Versuche freigestellte Scrum Master einzusetzen; wenn du noch nicht die volle Superkraft von Scrum nutzen willst, dann gerne einen Scrum Master für zwei Teams. Niemand soll sich aber zwischen der Verbesserung der Organisation und jener des Produkts entscheiden müssen. Die Scrum Master werden sich wie die Product Owner in der Team Charter finden, du solltest aber im Vorfeld schon überlegen, wer dafür in Frage kommt und ggf. sondieren, ob überhaupt Interesse vorhanden ist. Technische Expertise kann nützlich sein, um die Probleme zu verstehen, ist aber nicht unbedingt notwendig. Empathie, Konfliktbereitschaft und gute Vernetzung im Management sind wichtigere Eigenschaften für jemanden, der Teams und Organisation auf das nächste Level heben will.

3.4.5 Communities of Practice (CoP)

Communities ersetzen das, was bisher in fachspezifischen Abteilungen organisiert wurde: Sie ermöglichen den Aufbau technischer Expertise und die technische Abstimmung für die Organisation. In einem agilen Team of Teams wird diese Funktion von Communities of Practice übernommen. Darin treffen sich teamübergreifend Menschen ähnlicher Expertise, um ihre Themen abzustimmen und weiterzutreiben. Zu den typischen CoP-Themen gehören »Systemarchitektur« oder »Testing«. Welche Communities of Practice kommen dir für dein Umfeld spontan in den Sinn?

Mögliche Communities of Practice wären bei uns:

Mehr zu CoPs findest du im roten Buch ab Seite 272.

Noch ein Wort zum Umgang mit der Kapazität, die für die CoPs bereitgestellt werden muss: Die Basisarbeit (Regelmeetings) ist eine stabile Grundlast und bei der gemessenen Velocity schon berücksichtigt. Alles, was darüber hinaus an operativen Arbeiten vereinbart wird, sollte – außer bei Kleinigkeiten – als Backlog Item transparent gemacht und damit geschätzt, geplant und nachverfolgt werden.

3.4.6 Verwendete Frameworks

Ich gehe einmal davon aus, dass du mit Scrum arbeiten möchtest, sonst hättest du dir nicht dieses Workbook beschafft. Falls du aber mit mehreren Teams arbeiten möchtest, musst du dir überlegen, wie du mit Backlogs und Teams umgehst. Hast du dich schon für ein Skalierungsframework entschieden?

Ich werde meine Teams mit ____________________________ organisieren.

3.5 Checkliste Team Charter

Die Team Charter dient dazu, das Scrum Team bzw. die Scrum Teams aufzustellen und das verwendete Rahmenwerk mit Leben zu füllen. Ich biete dir hier bewusst keinen Platz zum Ausfüllen an, denn das soll zusammen mit deinem Team geschehen. Stattdessen stelle ich dir Checklisten zur Verfügung, die du für den Workshop mit deinem Team verwenden kannst.

Diese Punkte solltest du in einem gemeinsamen Workshop mit deinem Team festlegen. Ich gehe von *einem* Scrum Team aus. Wenn du mit mehreren Teams arbeiten und ein Skalierungsframework verwenden willst, musst du die Checkliste entsprechend anpassen.

- Welches Framework verwenden wir? Okay, hier wird es wohl auf Scrum hinauslaufen, wenn es nur ein Team ist. Wenn du gleich mit einer skalierten Umgebung starten willst, dann solltest du dich für ein Framework entscheiden.
- Verantwortlichkeiten
    - Wer wird unser Product Owner?
    - Wer wird unser Scrum Master?
    - Wer im Management ist Ansprechpartner:in für den Scrum Master?
    - Welche Developer sind im Team (und welche nicht)?
    - Auf welche Expert:innen außerhalb des Teams müssen wir zugreifen können?
    - Wie regeln wir den Zugriff auf externe Expert:innen (Sprechzeitenmodelle ...)?
- Artefakte
    - Wie lautet unser Product Goal?
    - Wo dokumentieren wir unser Product Backlog?
    - Wie publizieren wir das Product Backlog an interne und externe Stakeholder?
    - Wer darf neue Dinge in das Product Backlog einfügen? Auch Leute außerhalb des Teams?
    - Wie lautet unsere (vorläufige) Definition of Ready für das Product Backlog?
    - Wo dokumentieren wir unser Sprint Backlog (ggf. inkl. abgeleiteter Tasks)?
    - Wo dokumentieren wir unser Sprint Goal?
    - Was sehen wir als Inkrement an? (Welche Ausprägungen kann es geben: z. B. Simulationen, Prototypen usw.?)
    - Wie lautet die (vorläufige) Definition of Done für die verschiedenen Ausprägungen der Inkremente?

- Events
  - Wie lange dauert ein Sprint bei uns?
  - Wie viele Sprints benötigen wir, um ein physisches Inkrement zu erstellen (geschachtelte Kadenz)?
  - Wann beginnt der erste Sprint?
  - Um welche Uhrzeit wird das Sprint Planning starten? (Datum und Takt sind durch die Sprints definiert)
  - Wie lange ist die Timebox für das Sprint Planning?
  - Wann und wo finden die Daily Scrums statt?
  - Wann und wie lange arbeiten wir jede Woche am Product Backlog Refinement?
  - Wann findet das Sprint Review statt?
  - Wie lange ist die Timebox für das Sprint Review?
  - Welche Stakeholder werden von wem zum Sprint Review eingeladen?
  - Wann findet die Sprint Retrospective statt?
  - Wie lange ist die Timebox für die Sprint Retrospective?
  - Wer erstellt die Kalendereinladungen für die Scrum Events?

Weitere Tipps zur Anordnung der Events findest du im blauen Buch auf Seite 102.

Falls du dir schon erste Gedanken zum Teamsetting notieren willst, kannst du die folgende Notizbox nutzen. Im Anschluss gibt es wieder Platz für deine Notizen zu diesem Workbook-Teil.

Meine Notizen zur Team Charter:

Meine Notizen zur Team Charter:

3.6 Platz für Reflexion

Hier kannst du noch einmal die Erkenntnisse sammeln, die du bis jetzt gewonnen hast, aber auch offene Fragen notieren.

Produkt und Teams

Meine Erkenntnisse und offenen Fragen:

Produkt und Teams

Meine Erkenntnisse und offenen Fragen:

Produkt und Teams

Meine Erkenntnisse und offenen Fragen:

Produkt und Teams

Meine Erkenntnisse und offenen Fragen:

4 Agile Systems Engineering

Sowohl in der Einleitung als auch beim Refresher bin ich auf den Hintergrund des Systems Engineerings eingegangen. In diesem Teil soll es um die Kombination mit Scrum oder skaliertem Scrum in der Praxis gehen. Die Frage lautet also: Wie profitieren Scrum und Systems Engineering voneinander und wo tauchen die notwendigen Tätigkeiten und Dokumente in einer agilen Umgebung auf?

Manchmal erlebe ich, dass Organisationen die steigende Komplexität ihrer Produkte nicht mehr beherrschen und die Rettung in agilen Ansätzen suchen. Scrum kann jedoch nicht die fehlende Erfahrung im Systems Engineering ersetzen. Vielmehr beschreibt auch das agile Manifest, dass es in der Agilität um Teams aus *erfahrenen* Entwickler:innen geht – also um Menschen, die Systems Engineering beherrschen. Nun gehe ich davon aus, dass in deiner Organisation zumindest ein Grundverständnis zum Systems Engineering vorhanden ist. Daher werde ich nur kurz noch einmal auf die Grundlagen im V-Modell – in diesem Zusammenhang gibt es immer wieder Missverständnisse – und dann auf die Spezifika des agilen Systems Engineerings eingehen.

4.1 Was ist ein V-Modell (und was nicht)?

Das V-Modell taucht immer im Zusammenhang mit Systems Engineering auf. Oft gibt es auch Diskussionen, wie: »Sollen wir nach dem V-Modell entwickeln oder nach Scrum?« Das ist eine seltsame Frage, weil das V-Modell und Scrum auf ganz unterschiedlichen Ebenen wirken.

4.1.1 Grundlagen

Der erste interessante Punkt an V-Modell-Diskussionen ist, dass scheinbar immer Bezug auf ein ganz bestimmtes Modell (»das V-Modell«) genommen wird. Hier gilt es jedoch, zwischen der Vorgabe der Bundesregierung für Software-Projekte (aktuell V-Modell XT) und allgemeinen Dokumentationskonzepten zu unterscheiden, die in V-ähnlichen Diagrammen dargestellt werden. Ich vermute, dass du als Käufer:in dieses Workbooks nicht vom V-Modell der Bundesregierung betroffen bist, sondern in deiner Organisation ein Entwicklungsprozess vorhanden ist, der sich an den V-Gedanken anlehnt. Daher gehe ich nur auf diese generischen V-Modelle ein, Informationen zum V-Modell XT findest du im Internet.

In einem V-Modell wird der Zusammenhang zwischen Tätigkeiten und Dokumenten in der Systementwicklung in Form eines V dargestellt (siehe nächste Seite).

Dabei lassen sich drei Zonen unterscheiden:

1. Im linken Schenkel des V geht es um die Definition des Systems, sowohl bezüglich der Anforderungen wie auch der Umsetzung, sowie um die Dekomposition des Systems in Komponenten.
2. An der Spitze des V geht es um die Umsetzung, also den Bau der einzelnen Komponenten.
3. Im rechten Schenkel des V geht es um den Test der Komponenten und des Systems sowie um die Integration der Komponenten zum System.

Das V kann in mehreren Ebenen aufgebaut sein: So kann zum Beispiel ein System in Subsysteme zerlegt werden und diese dann wiederum in Komponenten, die gebaut werden. Ein solches V-Modell hätte dann drei Ebenen. Ein V-Modell ist

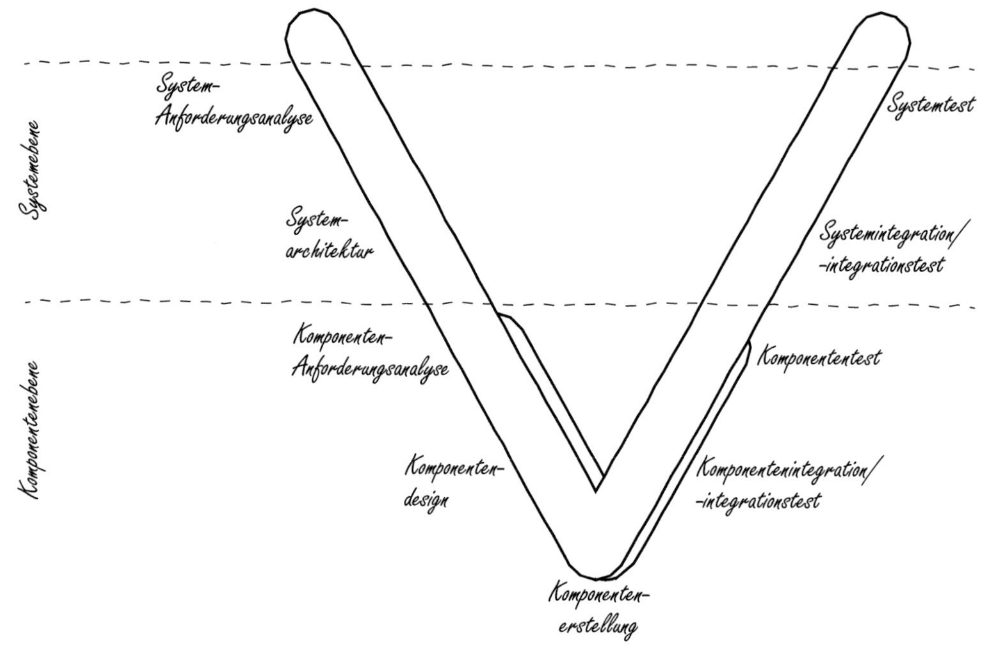

fraktal, das heißt alle Ebenen sind in sich identisch aufgebaut. Jede Ebene enthält dabei zwei Unterebenen:

1. Die »Blackbox«-Sicht: Hier geht es auf der linken Seite des V um die Anforderungen, also um das Verhalten der Ebene von außen gesehen, und auf der rechten Seite um die Verifikation dieser Anforderungen (»Tests«).
2. Die »Whitebox«-Sicht: Hier geht es auf der linken Seite des V um die technische Umsetzung der Anforderungen (technisches Konzept, Architektur) und auf der rechten Seite um die Integration der Elemente aus der darunterliegenden Ebene sowie um die Verifikation des technischen Konzepts (»Integrationstests«).

Die folgende Abbildung zeigt den Aufbau einer solchen Ebene mit den beiden Unterebenen:

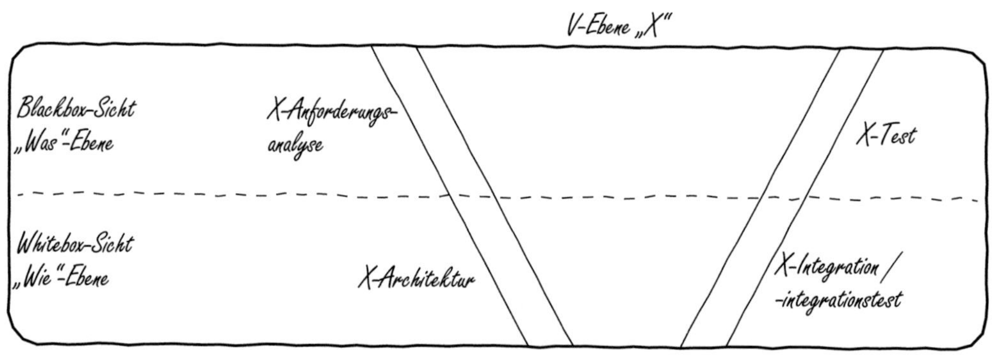

Wichtig für das Verständnis ist hier: Ein V-Modell beschreibt die Zusammenhänge zwischen Arbeitsschritten und Dokumenten – es gibt keinen zeitlichen Ablauf vor. Oft ist zu sehen, dass Entwicklungsprozesse so aufgebaut werden, dass das V linear von links oben zur Spitze und dann nach rechts oben durchlaufen wird. Dies erleichtert zwar, die erzeugten Dokumente konsistent zu halten, allerdings ist dieser

Ansatz nicht praxistauglich. Das gesamte Produkt und Konzept werden ständigen Änderungen unterworfen sein, egal ob klassisch oder agil gearbeitet wird. Änderungen entstehen ja nicht durch die Arbeitsweise, sondern kommen aus dem Markt oder vom Kunden.

4.1.2 Traceability

Die Zusammenhänge zwischen den verschiedenen Elementen in einem V-Modell werden über »Links« zwischen diesen Elementen abgebildet. So werden zum Beispiel innerhalb einer Ebene die Anforderungen mit den Elementen der darunter liegenden Systemarchitektur verlinkt oder Anforderungen mit den zugehörigen Testfällen rechts im V. Die Nachvollziehbarkeit der Zusammenhänge über diese Links wird als »Traceability« bezeichnet. Unterschieden wird zwischen der vertikalen Traceability entlang des linken V-Schenkels sowie der horizontalen Traceability zwischen den Elementen links um das V und den zugehörigen Testfällen und Test-Reports rechts im V.

Die Traceability erfordert viel Aufwand in der Pflege, sie erfüllt jedoch zwei sehr wichtige Aufgaben:

1. Traceability-Auswertungen liefern Informationen über die Vollständigkeit der Umsetzung. Sie können also die Fragen beantworten: Wurden alle Anforderungen umgesetzt, und wenn ja wo? Wurden alle Anforderungen und Architekturkonzepte durch Testfälle abgesichert? Dies erfordert Traceability von oben nach unten bzw. von links nach rechts.
2. Traceability muss jedoch auch in der entgegengesetzten Richtung funktionieren. Wenn ganz unten im V in einer Komponente ein Problem auftritt, muss nach oben verfolgt werden können, welche Anforderungen oder gar Sicherheitsanforderungen davon betroffen sind (Impact-Analyse).

Wie du sehen kannst, liefert die Traceability wichtige Informationen, was den Aufwand rechtfertigt. Traceability ist aber binär: Man hat sie, oder man hat sie nicht. Veraltete, inkonsistente oder unvollständige Traceability kann die eben beschriebenen Mehrwerte nicht liefern und erzeugt dementsprechend nur Aufwand ohne jeden Nutzen.

Wie sieht das V-Modell für euer Produkt aus? Welche Ebenen für die Dekomposition verwendest du? Verwende die folgende Box, um dein aktuelles V-Modell zu zeichnen (nächste Seite):

Notizen

Mein V-Modell:

4.1.3 Weitere Begrifflichkeiten

An dieser Stelle noch ein paar Worte zu zwei Begriffspaaren, die in der Praxis manchmal für Verwirrungen oder Verwechslungen sorgen: Lastenheft und Pflichtenheft sowie Verifikation und Validierung.

Lastenheft und Pflichtenheft: Üblich ist die Aufteilung von Anforderungen in Kunden- bzw. Stakeholder-Anforderungen und Systemanforderungen. Stakeholder-Anforderungen stellen die Wünsche aus Sicht der Stakeholder dar, die nicht zwangsläufig so umgesetzt werden. Die Liste der Kundenanforderungen wird oft als »Lastenheft« oder »Stakeholder Requirements Specification« bezeichnet. Systemanforderungen hingegen beschreiben, wie genau das System umgesetzt werden soll. Sie werden zu den Stakeholder-Anforderungen in Beziehung gesetzt, Unterschiede in der Umsetzung werden dabei dokumentiert. Die Verifikation des Systems findet gegen die Systemanforderungen statt, nicht gegen die Stakeholder-Anforderungen. Die Liste der Systemanforderungen wird oft als »Pflichtenheft« oder »System Requirements Specification« bezeichnet.

Verifikation und Validierung: Als Verifikation wird die Überprüfung der Umsetzung eines Systems (bzw. von dessen Komponenten) bezeichnet. Alles, was links im V definiert wurde (Anforderungen und Architekturen), wird somit rechts im V durch die Definition von Testfällen und deren Ausführung verifiziert (Tests und Integrationstests). Bei der Verifikation – umgangssprachlich »Tests« – geht es also um die Antwort auf die Frage: »Haben wir es richtig umgesetzt?« Bei der Validierung geht es hingegen um die Frage: »Haben wir das Richtige umgesetzt?« Geprüft wird daher, ob die Anforderungen überhaupt dazu geeignet sind, den Zweck des Produkts zu erfüllen. Dies findet normalerweise zusammen mit dem Kunden in der vorgesehenen Umgebung des Produkts statt. Dadurch wird der elementare Unterschied zwischen Verifikation und Validierung deutlich: Verifiziert werden das System oder einzelne Komponenten davon. Validiert werden hingegen die Anforderungen.

4.1.4 V-Modelle in Scrum

Was bedeutet ein solches V-Denken nun für die Arbeit mit Scrum? Zunächst einmal wird bei idealem Scrum in jedem Sprint ein komplettes V abgefertigt. Anforderungen werden analysiert, Systemarchitekturen angepasst, Komponenten gebaut, Systeme integriert und getestet, bis am Ende des Sprints ein »Done Increment« auf dem Tisch liegt (oder in der Halle steht). In dieser Denkweise werden alle im verwendeten V-Modell benötigten Dokumente innerhalb des Sprints vom Scrum Team erstellt bzw. überarbeitet. Die Dokumentation wird dadurch – ebenso wie das Produkt – iterativ inkrementell weiterentwickelt. Dafür ist es essenziell, dass das Scrum Team erfahren in der Arbeit mit der Dokumentation in seinem V-Modell ist, und dass ein entsprechendes Werkzeug für Requirements Management eingesetzt und weitgehend automatisiert wird. Nur so ist es möglich, in kurzen Intervallen das Produkt samt Dokumentation nach vorn zu bringen.

In Scrum ändert sich also zunächst nichts am Aussehen des V-Modells, denn dieses beschreibt ja euren Umgang mit dem Produkt, unabhängig vom organisatorischen Ansatz. Was sich vielleicht ändert, ist, dass das V nicht mehr linear in sequenziellen Schritten durchlaufen wird, sondern an vielen Stellen parallel »geschraubt« wird und die Dokumentation zu jeder Zeit den aktuellen Zustand des Produkts repräsentiert.

Bei der Entwicklung physischer Produkte ist es aber nicht immer möglich, innerhalb eines Scrum Sprints ein »Done Increment« zu liefern. Dementsprechend kann sich die Arbeit an eurem V über mehrere Sprints erstrecken, eventuell bis zum nächsten Release. Ziemlich sicher werdet ihr auch mit modellbasierten Inkrementen arbeiten, wie bereits beschrieben. Wie ihr genau im V arbeitet, ergibt sich also aus eurem Release-Takt und aus dem Konzept zu den geschachtelten Kadenzen (siehe Abschnitt »3.2.5 Sprintlänge«). Deshalb gibt es hier keine Notizbox.

4.2 Systems Engineering und Scrum

Für ein gutes agiles Systems Engineering musst du dir zum einen überlegen, welche Dokumente du benötigst (wie euer V also im Detail aufgebaut ist), und zum anderen, wann diese Dokumente von wem erstellt werden. Generell gilt: Die linke Seite des V, insbesondere der Umgang mit Anforderungen, verändert sich durch den Einsatz von Scrum, während die rechte Seite des V (Integration und Verifikation) sehr traditionell bleibt – von den nun viel kürzeren Zyklen einmal abgesehen.

4.2.1 Backlogs und Anforderungen

Im Systems Engineering gibt es zwei Eigenschaften von Anforderungen: Eine Anforderung beschreibt einen Wunsch bezüglich der Eigenschaften oder des Verhaltens eines Systems und später, wenn das System diesen Wunsch erfüllt, dokumentieren Anforderungen mit den zugehörigen Testfällen, Testreports und Systemarchitekturen, wie das System aktuell beschaffen ist. Eine Anforderung ist also sowohl Teil der Arbeitsverwaltung als auch der Produktdokumentation. Eine andere Sichtweise auf die beiden Eigenschaften ist diese: Es gibt eine kurzfristige Dokumentation, die in die Zukunft gerichtet ist und eine langfristige Dokumentation, die in die Vergangenheit gerichtet ist. Sobald eine Anforderung umgesetzt und verifiziert ist, ist die kurzfristige Dokumentation nicht mehr notwendig. Im Folgenden habe ich diese beiden Seiten einer Anforderung beispielhaft zusammengestellt.

Managementsicht auf eine Anforderung (kurzfristige Dokumentation):

- Wunsch an eine Eigenschaft/an ein Verhalten
- Aufwandschätzung für die Umsetzung
- Kostenschätzung für die Umsetzung
- Risiko für die Umsetzung
- Einfluss (Impact) auf andere Anforderungen
- Gewünschter Zeitpunkt der Umsetzung/Zuordnung zu einem Release

Produktsicht auf eine Anforderung (langfristige Dokumentation):

- Zuordnung zu Architekturelementen
- Zuordnung zu abgeleiteten Anforderungen
- Zuordnung zu Testfällen
- Status der Testdurchführungen

Wie hängt das nun alles mit den Product Backlog Items zusammen? Kann ein Backlog das alles abbilden? Auf jeden Fall stellt ein Product Backlog Item (PBI), wie zum Beispiel eine User Story, eine Art Kundenanforderung dar, und zumeist werden PBIs auch analysiert (Backlog Refinement) und geschätzt. Die erste Liste

(Managementsicht) scheint also durchaus zu einem Backlog in Scrum zu passen. Die zweite Liste hingegen, die Produktsicht, ist in der Regel aus zwei Gründen schwer mit agilen Bordmitteln umzusetzen:

1. Zum einen bieten Software-Werkzeuge für die agile Backlogverwaltung oft nicht die notwendigen Funktionen für das Traceability-Reporting und Konfigurationsmanagement.
2. Zum anderen, und das ist aus meiner Sicht schwerwiegender, kann ein Backlog Item sowohl eine initiale Anforderung als auch die Änderung einer Anforderung darstellen. Für die Beschreibung, was aktuell im System enthalten ist, müssten also mehrere User Stories übereinandergelegt werden. Ich kenne Organisationen, die User Stories wiederverwenden, um mit dem Backlog-Tool auch die Produktdokumentation abbilden zu können. In der Regel ist aber ein Backlog Item ein »Wegwerfprodukt«, das nach Ende des Sprints nicht mehr relevant ist.

Agile Backlogs sind also nicht gut dazu geeignet, zu dokumentieren, was aktuell in eurem Produkt enthalten ist. Andererseits verwendet nicht jedes Scrum Team ein Software-Werkzeug für das Requirements-Management. In reinen Software-Projekten mit einer 100-prozentigen Testautomatisierung dokumentieren die automatisierten Testfälle, was aktuell im Produkt enthalten ist. Ein separates Pflichtenheft wird dann nicht mitgeführt. Im Systems Engineering ist dieser pragmatische Ansatz meistens nicht möglich. Du musst in irgendeiner Form dokumentieren, welche Anforderungen euer System aktuell abdeckt, wie dessen Testabdeckung und Testzustände sind, wie die Systemkomponenten zusammenspielen und wie sie die Anforderungen erfüllen.

Du musst dir also überlegen, welche Eigenschaften (kurzfristige/langfristige Dokukumentation) du wie handhaben möchtest. Als erste Idee könntest du die beiden Spalten in der Tabelle verwenden, um die Inhalte der linken Spalte in den Backlog Items abzubilden und jene aus der rechten Spalte in einem geeigneten Werkzeug für Requirements-Engineering. Vielleicht habt ihr auch ein Werkzeug, das beides abbilden kann. Auch in diesem Fall ist es aber nützlich, wenn du dir Gedanken über die Management-Eigenschaften einer Anforderung machst und über die Dokumentationseigenschaften. Dazu kannst du dir überlegen, welchen Lebenszyklus ein Backlog Item hat, welchen Lebenszyklus eine Anforderung für die Produktdokumentation hat und wie die beiden zusammenspielen. In der folgenden Abbildung habe ich beispielhaft die beiden Lebenszyklen aufgezeichnet.

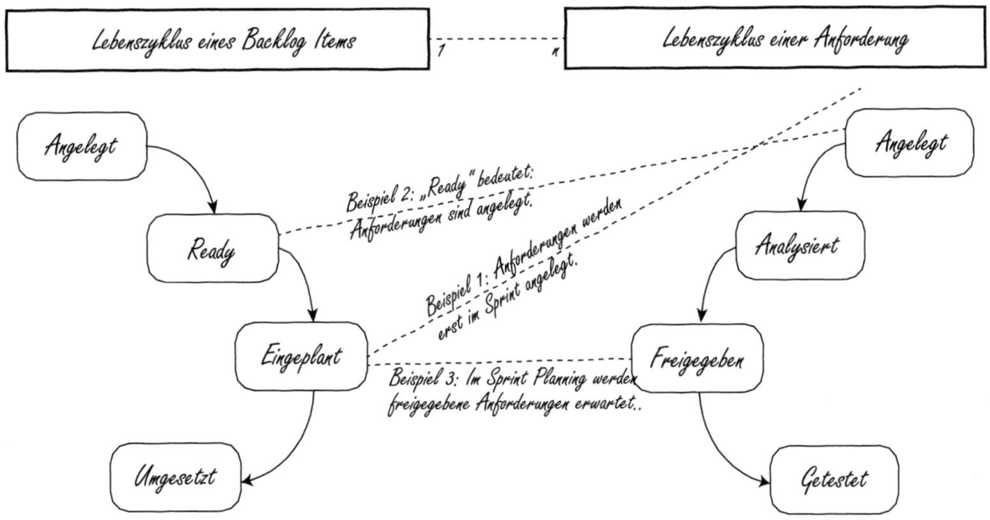

Was du neben den Lebenszyklen (die du vielleicht schon hast) definieren musst, ist, wie diese beiden zu Beginn zusammenspielen. Am Ende eines Sprints ist das einfacher: Anforderung umgesetzt, Item done. In der obigen Abbildung habe ich drei Beispiele eingezeichnet, wie das Zusammenspiel am Anfang aussehen kann:

- Beispiel 1: Der agile Weg. Die trace- und testbaren Anforderungen werden erst im Sprint erstellt.
- Beispiel 2: Der Kompromiss. Zu Beginn des Sprints sind die trace- und testbaren Anforderungen schon angelegt und mit dem Backlog Item verlinkt.
- Beispiel 3: Der traditionelle Weg. Zu Beginn des Sprints sind die trace- und testbaren Anforderungen angelegt, mit dem Backlog Item verlinkt, analysiert und freigegeben.

Nach so viel Theorie ist es nun Zeit, dass du dir erste Gedanken zu den Lebenszyklen von Backlog Items und Anforderungen machst. Notiere in der folgenden Box, wie der Zusammenhang bei euch aussehen könnte:

Mein Umgang mit Backlogs und Produktdokumentation:
(Lebenszyklen von Backlog Items und nachverfolgbaren Anforderungen)

4.2.2 Systemdesign/Systemarchitektur

Wie du im vorigen Abschnitt gesehen hast, ist schon ein wenig Konzeptarbeit für den Umgang mit den Anforderungen im agilen Kontext notwendig. Auf der Umsetzungsseite, also auf den Whitebox-Ebenen jeder V-Modell-Ebene, ist das etwas einfacher. An der Architekturarbeit ändert sich inhaltlich nicht viel. Hier kannst du deine bisherigen Verfahren und Werkzeuge einsetzen. Was sich ändert, ist, wann die Architekturarbeit gemacht wird; und vielleicht auch von wem.

Bei klassischen Vorgehensweisen ist das Ziel, die Systemarchitektur möglichst umfassend zu Beginn aufzustellen. Dies verhindert Mehrarbeit und verhindert Fehler – aber nur, wenn von Anfang an auch alle Anforderungen klar sind. Agile Ansätze werden aber genau dann eingesetzt, wenn zu Beginn nicht klar ist, wie das Produkt aussehen soll und was genau die Anforderungen sind. Es liegt auf der Hand: Wenn die Anforderungen erst nach und nach hereintröpfeln und sich auch öfters ändern, ist es nicht mehr möglich, zu Beginn des Vorhabens die komplette Systemarchitektur zu erstellen. Bei der agilen Systementwicklung wird sich neben den Anforderungen auch die Architektur Stück für Stück entwickeln und sie wird mehrere, unter Umständen auch umfangreiche, Änderungen erfahren. Immer wieder ist die Aussage zu hören, dass ein solches Vorgehen zwar in der Software-Entwicklung möglich ist, nicht jedoch bei der Entwicklung physischer Produkte. Alternativ oder zusätzlich kommt manchmal die Aussage, dass es ja auch nicht möglich wäre, mit agilen Ansätzen ein Haus zu bauen. Diese Aussagen möchte ich hier einmal einordnen: In jeder Produktentwicklung gibt es Architekturentscheidungen, die später leicht und solche, die nur sehr schwer oder gar nicht zu ändern sind. Dies gilt für die Software-Entwicklung genauso wie für physische Produkte und Häuser. In der Software können leicht Benutzeroberflächen angepasst oder Schnittstellen adaptiert werden, das Betriebssystem ist hingegen nur schwer änderbar. Beim Hausbau kann die Aufteilung der Räume spät im Trockenbau entschieden oder auch während des Betriebs verändert werden – eine Änderung der Geschosshöhe würde jedoch einem Neubau gleichkommen.

Bei agilen Arbeitsweisen gelten für die Architektur folgende Grundsätze:

1. Keine vorausschauenden Architekturkonzepte für Funktionen, die von der Entwicklung oder von Stakeholdern antizipiert werden. Diese werden nie so gewünscht sein.
2. Keine Angst vor Architekturänderungen. Wenn es nötig ist, ist es nötig. Die Kosten des »Tricksens« mit der aktuellen Architektur müssen mit den Kosten des Umbaus abgewogen werden.
3. Architektur auf Sichtweite machen. Die Architekturreichweite hängt immer davon ab, was bekannt ist. Die Reichweite nicht auf wenige Sprints begrenzen, wenn darüber hinaus schon alles klar ist.

Mehr zur Architektur im agilen Umfeld habe ich im roten Buch ab Seite 90 beschrieben.

Hast du dir schon Gedanken über euer Produkt gemacht? Was wäre eine sinnvolle Reichweite für die Systemarchitektur?

Aktuell ist die Reichweite der Architektur so lange:

Notizen

Die Gründe dafür sind:

Nach dem, was wir über Architekturen diskutiert haben, habe ich folgende neue Erkenntnisse:

Eine sinnvolle Architekturreichweite für unsere agile Entwicklung könnte demnach sein:

4.2.3 Integration und Verifikation

Die rechte Seite des V unterscheidet sich in Scrum konzeptionell nicht von jener im klassischen Vorgehen. Wie du integrierst, Integrationstests und Tests durchführst, hängt von eurem Produkt und euren Werkzeugen ab. Jedoch erfordert die agile Arbeitsweise in der Regel einen höheren Automatisierungsgrad, weil die Schritte viel häufiger durchlaufen werden müssen. Über die operative Automatisierung haben wir im zweiten Teil gesprochen, aus Sicht des Systems Engineerings geht es hier vor allem um die Dokumentation. Der einfache Teil ist die Dokumentation von Testausführungen, die Testwerkzeuge können in der Regel ohne großen Aufwand die benötigten Testreports liefern. Bei manuellen Tests kannst du überlegen, ob dennoch eine Teilautomatisierung in deiner Umgebung möglich ist. Auf jeden Fall sind alle Dokumentationen unmittelbar durchzuführen, um keine technischen Schulden aufzubauen, insbesondere bei der Traceability.

Was schwieriger zu automatisieren ist, ist das Erstellen der Testcases. Das wird in der Regel nach wie vor Handarbeit bedeuten. Hier kommt es dementsprechend darauf an, dass die Toolkette benutzerfreundlich und schnell ist und euch so gut wie möglich Arbeit abnehmen kann. Falls du mit Model Based Systems Engineering arbeitest, hast du unter Umständen die Möglichkeit, das Erstellen der Testcases ein Stück weit zu automatisieren. Die Möglichkeiten, die sich bieten, hängen stark von eurer Erfahrung und von euren Werkzeugen ab, daher ist es schwierig, dazu detaillierte Tipps zu generieren. Du kannst aber in der folgenden Box notieren, welche ersten Ideen du hast, um die Dokumentation für Integration und Verifikation zu beschleunigen oder zu vereinfachen.

Hier sehe ich noch Potenzial für den Dokumentationsaufwand bei Integration und Verifikation:

4.2.4 Validierung

Die Validierung von Anforderungen findet bei Scrum regelmäßig in den Sprint Reviews statt. Die Verifikation geschieht durch das Team bzw. die Teams in den Sprints, hier sind keine Stakeholder notwendig. Review-Events sind die zentrale Möglichkeit, um Stakeholder, insbesondere Anwender:innen, mit dem Produkt (oder Modellen davon) zu konfrontieren. Du solltest also darauf achten, dass die Einladung von Stakeholdern in die Review Events und die Definition des Inkrements für einen Sprint so zusammenpassen, dass der entsprechende Teil der Anforderungen validiert werden kann. Anwender:innen ein Produkt hinzulegen, damit sie damit »herumspielen« können, ist im Systems Engineering etwas zu kurz gesprungen. Du solltest gemäß deiner Erfahrung und ggf. auch eurer internen Prozesse ein Konzept für die Validierung haben, also einen kleinen Validierungsplan erstellen: Welche Anforderungen möchtest du mit welcher Zielgruppe validieren? Welche Szenarien sind dazu nützlich und wie willst du Plan und Validierung dokumentieren?

Notiere in der folgenden Box, welchen Einfluss die agile Arbeitsweise auf eure aktuellen Validierungskonzepte hätte. Dazu kannst du unter anderem folgende Aspekte berücksichtigen: Validierungsumfang, Validierungsfrequenz, Arbeiten am Validierungsplan, Auswirkungen auf die Stakeholder.

Unsere Validierungsaktivitäten würden sich in folgenden Punkten durch eine agile Arbeitsweise ändern:

4.2.5 Arbeiten mit Modellen

In Teil 2 haben wir den Einsatz von Modellen als Inkremente diskutiert. Hier soll es um den Einsatz digitaler Modelle im Rahmen von Model Based Systems Engineering (MBSE) gehen. Die im Systems Engineering gewünschte Systemsicht versucht man im MBSE über möglichst durchgängige Modelle zu erstellen. Die Herausforderung ist oft, dass die Daten der Modelle in verschiedenen proprietären Formaten der Toolhersteller vorliegen. Im Idealfall werden Modelle mit offenen Sprachen wie zum Beispiel UML modelliert und nach Bedarf in Formate für weitere Anwendungen wie CAD oder Simulationen konvertiert. Damit wäre ein »Single Model« möglich, einige Organisationen haben dieses Projekt in Angriff genommen und sind damit auch weniger abhängig von den Toolanbietern.

Egal, wie vereinheitlicht oder zerklüftet eure Modelllandschaft ist: Das in Teil 2 erwähnte Prinzip, dass am Ende eines Sprints die Modelle wieder konsistent sein müssen, gilt auch hier. Das agile Arbeiten mit Modellen kommt jenem der Software-Entwicklung sehr nahe, da über weite Strecken keine physischen Beschaffungs-,

Bau- oder Testzeiten zu berücksichtigen sind. Damit kommt auch die Frage auf, wie gut oder schlecht »Branching« und »Merging« im Konfigurationsmanagement der Modelle funktionieren. Der streng agile Ansatz aus der Software-Entwicklung versucht auf »Branching« zu verzichten, bei komplexeren Systemen und mehreren Teams ist dies jedoch in der Praxis nicht immer durchzuhalten. Ein »Single Model« in einer offenen Modellierungssprache bietet auch im Branching/Merging enorme Vorteile.

4.2.6 Werkzeuge und Schnittstellen

Um es vorwegzunehmen: Es gibt nicht das perfekte Werkzeug für das Systems Engineering. In der Regel wirst du für verschiedene Aufgaben verschiedene Werkzeuge einsetzen. Beim kurz getakteten agilen Arbeiten kommt den Schnittstellen zwischen den Tools eine größere Bedeutung zu. Wenn du den Workflow wie bisher nur alle paar Monate oder Jahre durchlaufen würdest, wären manuelle Übertragungen, Verlinkungen und Konsistenzprüfungen noch vertretbar. In Scrum müssen die Werkzeuge wirklich nahtlos und schnell zusammenarbeiten. Das kann, so schmerzhaft es sein mag, auch einen Toolwechsel implizieren. Durch die kurzen Zyklen wird die Interoperabilität der Werkzeuge wichtiger als die einzelne Funktionalität. Im Zweifel ist es also besser, ein Werkzeug zu verwenden, das möglichst viel abdecken kann, auch wenn es andere Werkzeuge gibt, die in Summe mehr Funktionalität für die vorgesehene Prozesskette liefern.

Die beschriebene »Single Model«-Lösung bringt natürlich auch Vorteile auf der Modellseite, dennoch bleibt in der Regel eine Lücke zur Managementseite, also zu dem Werkzeug, in dem ihr eure Backlogs und Tasks verwaltet. Hier wirst du fast immer auf Schnittstellen angewiesen sein. Eine manuelle Traceability über Mapping-Tabellen ist nicht praxistauglich; um die Konsistenz zu wahren und in schnellen Zyklen entwickeln zu können, musst du bei Bedarf in entsprechende Schnittstellen investieren.

Weitere Schritte in Richtung einer agileren Toollandschaft hängen primär von eurer Umgebung ab. In der folgenden Box kannst du dir Notizen machen, wo du Probleme siehst, oder was wichtige Verbesserungen in deiner Toolumgebung wären:

Meine Gedanken (Probleme + Ideen) für unsere Toollandschaft:

4.2.7 Dokumentation

Systems Engineering nutzt die Dokumentation, um das Systemdenken zu unterstützen und damit die Komplexität zu reduzieren. Die Dokumentation soll dabei natürlich kein Selbstzweck sein, sondern zielgerichtet beim Management der Produktkomplexität unterstützen. Manche Normen fordern sehr deutlich, welche Dokumentation in welcher Tiefe vorhanden sein soll; in diesen Fällen sind deine Freiheitsgrade für den Pragmatismus in der Dokumentation etwas eingeschränkt. Agile Ansätze werden also die Dokumentation nicht überflüssig machen, sondern bieten die Möglichkeit, über kontinuierliche Verbesserung die Art und Weise der Dokumentation zu optimieren.

Mit diesen Ausführungen sollte auch klar werden, dass das Erstellen der Dokumentation ganz klar Bestandteil der Entwicklungstätigkeit ist und nicht von anderen Stellen im Unternehmen erledigt wird. Produkte zu entwickeln, bedeutet nicht, Zeichnungen, Quellcode oder Schaltpläne zu erstellen, sondern Komplexität zu managen. Was sich bei agilen Ansätzen ändern wird, ist der Zeitpunkt, an dem die Dokumentation erstellt wird. Klassischerweise wechseln sich Phasen, in denen konstruiert, gebaut und getestet wird, mit solchen Phasen ab, in denen die Dokumentation wieder auf den aktuellen Stand gebracht wird. Die Forderung, dass alle Artefakte am Ende einer Iteration wieder zueinander konsistent sein müssen, erfordert auch eine Art »Continuous Documentation«. Das Scrum Team sollte also Produktdesign und Dokumentation möglichst parallel erstellen. Wird wirklich agil gearbeitet, also mit dem Muster des »Swarming«, bei dem mehrere Personen gleichzeitig ein Backlog Item bearbeiten, ist dies auch realistisch möglich. So kann zum Beispiel Person A die Anforderungen schreiben und verlinken, während B parallel die Testfälle entwickelt und C die Änderungen am Produkt programmiert oder konstruiert.

Das Vorgehen und die Zusammenarbeit hinsichtlich der erforderlichen Dokumentation ist also eine wesentliche Vereinbarung im Scrum Team. Auch wenn die entsprechenden Artefakte in der Definition of Done gefordert sind, so musst du mit deinem Team explizit festlegen, wie diese Artefakte entstehen sollen. Den optimalen Ablauf muss jedes Team für sich herausfinden und ständig optimieren. In der folgenden Box kannst du deine Gedanken zum Erstellen von »Continuous Documentation« in deinem Umfeld notieren.

Meine Gedanken (Probleme + Ideen) für das Erstellen der Dokumentation im Scrum Team:

4.2.8 Automatisierung im Systems Engineering

Eine Wunschvorstellung aller agilen Arbeiten ist die Automatisierung von der Anforderung bis zum Test. Die Möglichkeiten, den Bau und die Tests zu automatisieren, haben wir bereits im zweiten Teil des Workbooks diskutiert. Hier möchte ich noch einen kleinen Exkurs über die Automatisierung von Design-Entscheidungen liefern. Bei sogenannten »Design-Compilern« werden Architekturelemente ebenso wie Design-Regeln mit Beschreibungssprachen modelliert. Ein spezieller Design-Compiler kann dann die verschiedenen hinterlegten Varianten und Parameter für das System kombinieren, Exporte zu bestimmten Simulationswerkzeugen bereitstellen und mit den dort errechneten Ergebnissen das Systemdesign weiter optimieren. Ich habe solche Werkzeuge zum Beispiel im Einsatz für die Auslegung von Satelliten, von Auto-Komponenten oder für die automatische Konstruktion von Kabelbäumen oder Hydraulik-Leitungssystemen gesehen.

Design-Compiler erfordern ein recht hohes »Frontloading«. Das Hinterlegen von vorhandenem Ingenieurswissen in formale, ausführbare Regeln ist ein Aufwand, der viele Personenmonate oder -jahre verschlingen kann. Jedoch sind dann automatisierte Systemauslegungen und -konstruktionen in wenigen Minuten möglich. Daneben ist das Wissen in deiner Organisation sehr formal in den Regeln dokumentiert. Die Einarbeitung neuer Mitarbeiter:innen ist ein Kostenblock, der nirgends formal auftaucht, daher kann sich der Einsatz eines Design-Compilers in beiden Dimensionen (Design-Automatisierung und Wissensmanagement) schnell rechnen. Insbesondere in agilen Ansätzen können Design-Compiler einen wertvollen Beitrag zu schnelleren Zykluszeiten und zu besserer Qualität liefern.

4.3 Agiler Produktentstehungsprozess

Ein Produktentstehungsprozess (PEP) ist die Summe aller Schritte, die von der Idee oder einem Entwicklungsauftrag zu einem serienreifen Produkt führen. Ein PEP ist oft die Gruppierung einzelner Prozesse, die für die Entwicklung notwendig sind; ein PEP gibt auch wichtige Meilensteine oder Phasen vor. Klassische Produktentstehungsprozesse sind lineare Prozesse, die in verschiedenen Phasen von der Anforderungsanalyse über die Architektur zum Bau und dann zu Integration und Test gehen. Die nächste Phase darf erst begonnen werden, wenn bestimmte Kriterien erfüllt sind (Quality Gates). Die Einführung agiler Arbeitsweisen geschieht oft im Rahmen eines solchen phasengesteuerten nicht-agilen PEPs, was im Rahmen einer Pilotierung noch mit Ausnahmen bewerkstelligt werden kann. Sobald sich die agilen Ansätze stabilisieren, muss jedoch auch Hand an den PEP gelegt bzw. ein neuer agiler PEP aufgebaut werden. Wenn du willst, kannst du dir hier ein paar Notizen zu eurem aktuellen PEP machen (nächste Seite).

Unser aktueller PEP sieht auf der obersten Ebene wie folgt aus (Phasen und Meilensteine):

Anforderungen an einen agilen PEP

Da bei iterativ-inkrementellem Arbeiten in jeder Iteration mehrere Phasen eines klassischen PEPs betroffen sind, passt die neue Vorgehensweise nur schlecht zum alten PEP. Doch wie könnte ein agiler PEP aussehen? Ich liste hier ein paar Eigenschaften auf, die aus meiner Sicht wichtig sind:

- Schleifen/Iterationen müssen ein integraler Bestandteil des PEPs sein, und nicht wie bei klassischen PEPs als Unfall oder Missgeschick angesehen werden.
- Ein PEP sollte produktbasierte Meilensteine verwenden, also die Reife von Modellen oder Produkten, und nicht papierbasierte Meilensteine wie »Requirements Freeze« oder »Design Freeze«.
- Die Anzahl der Iterationen eines PEPs sollte flexibel sein. Komplizierte Entwicklungen (z. B. Änderungen) können in einer großen langen Schleife gemacht werden, komplexe Entwicklungen in vielen kleinen Schleifen.
- Und damit zusammenhängend: Der PEP sollte für alle Vorhaben einsetzbar sein, ohne dass man sich zwischen verschiedenen PEPs entscheiden muss.

Eine interessante Geschichte zu Phasen und Meilensteinen findest du im roten Buch ab Seite 167.

An diesen Anforderungen erkennst du mein Grundkonzept: Ein PEP sollte prinzipiell aus Iterationen bestehen, deren Länge je nach Vorhaben definiert werden kann. Für einfache Entwicklungsaufgaben, wie eine Änderungskonstruktion, soll jedoch kein separater »unagiler« PEP verwendet werden, sondern es soll nur eine lange Schleife des agilen PEPs durchlaufen werden. So hast du immer dieselben Konzepte, Meilensteine und Dokumente und musst nicht parallel verschiedene PEPs pflegen.

4.3.1 Grundlegendes Layout

Für ein PEP-Layout musst du zum einen das Aussehen einer Iteration festlegen und zum anderen die Verkettung der Iterationen definieren sowie den Eintritts- und Austrittspunkt festlegen. Beginnen wir mit der Adlerperspektive: Was ist der Beginn deines Entwicklungsvorhabens? Du benötigst zumindest eine Produktidee, vielleicht schon ein erstes Product Backlog und Teams, die das ganze umsetzen. Wenn du über einen agilen PEP nachdenkst, gehe ich davon aus, dass es schon ein Team oder ein Team of Teams gibt, das mit Scrum arbeitet. Eine Team Charter wäre damit optional, was wir aber auf jeden Fall benötigen, ist eine Product Charter, also ein Workshop, in dem initial mit den Teams über Produkt und Technologie gesprochen wird. In vorhandenen Strukturen kann dies auch im Rahmen von Backlog Refinements passieren. Am Ende dieser Vorlaufphase steht für mich der erste Meilenstein: Die Produktvision ist vorhanden und klar kommuniziert. Das entspricht in etwa dem Kick-off-Meeting im klassischen Projekt. Jetzt können die Teams operativ in die Entwicklung einsteigen.

Jetzt startet die erste Iteration, an deren Ende ein Produktinkrement steht. In der Adlerperspektive ist hier nur ein Zeitpunkt festzulegen, zu dem entschieden wird, ob es eine weitere Iteration geben soll. Eigentlich passiert dies im Review des Inkrements. Es kann jedoch auch Gründe geben, dies kurz vor der Iteration zu entscheiden, wenn das Ergebnis abzusehen ist. Die Übergabe in die Produktion, die sogenannte »Industrialisierung« des Produkts, sollte kein nachgelagerter Prozess sein, sondern – wie im Lean Development gefordert – aus der Entwicklung heraus begleitet werden. Deshalb würde ich keine separate Phase vorsehen, sondern die Tätigkeiten in den Iterationen mehr und mehr zum Produktionsprozess verlagern. Die Betreuung des Produkts während der Lebenszeit wird idealerweise auch von demselben Team of Teams durchgeführt, die Aufgaben werden ganz normal über Backlogs eingesteuert, es werden aber keine expliziten Iterationen mehr am Produkt gemacht. Ein solches Grundlayout habe ich in der folgenden Abbildung dargestellt.

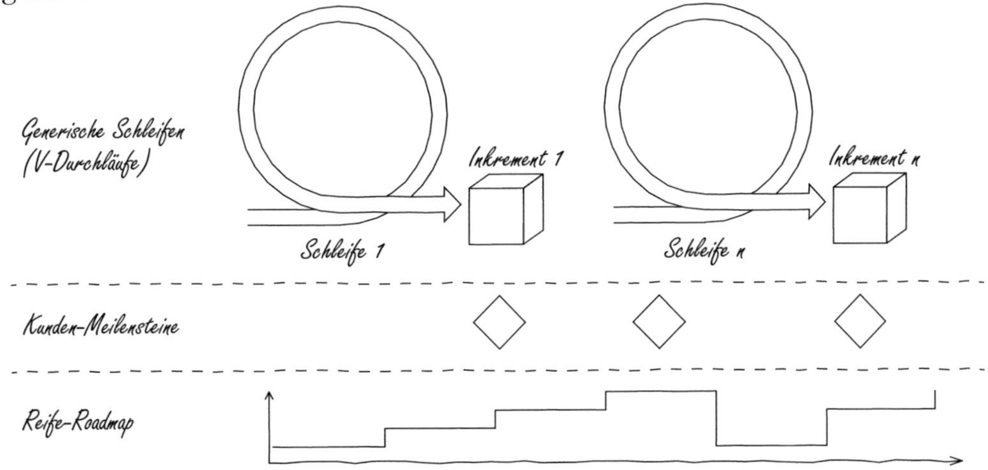

Noch ein Wort zur Vorentwicklung: Viele PEPs sehen eine separate Phase oder ein Vorentwicklungsprojekt vor, das im schlechtesten Fall auch von einer anderen Abteilung durchgeführt wird. In einem agilen PEP ist eine solche Trennung nicht gewünscht. Dieselben Menschen sollen das Produkt von der ersten Idee bis zur Produktion entwickeln, unter dem Einsatz von Scrum. Technische Grundlagen können also vor dem ersten Meilenstein in unserem Beispiel-PEP als Spikes in das Team of Teams eingesteuert werden.

Die Diskussion der nächsten Ebene, also wie eine Iteration in sich aufgebaut ist, haben wir bereits im Kapitel »3.2 Das Inkrement« diskutiert, weshalb ich an dieser Stelle nicht mehr darauf eingehe. Du musst für dich überlegen, wie du Kadenzen ineinander schachtelst, um mit mehreren Scrum Sprints ein wertvolles Inkrement zu erstellen.

Hier hast du die Möglichkeit, deine Gedanken zu einem agilen PEP aufzumalen, oder meine Skizze so anzupassen, wie ein PEP für dich Sinn ergeben würde:

Meine Vorstellung von einem agilen PEP:

4.3.2 Detaillierungsgrad

Produktentstehungsprozesse in großen Unternehmen sind oft sehr umfangreich und detailliert. Aus agiler Sicht wäre es jedoch erstrebenswert, den PEP eher als eine Art Rahmenwerk zu definieren, das sehr abstrakt bleibt. In der Praxis kommt hier oft die Argumentation, dass der PEP nicht nur die Zusammenhänge aufzeigen, sondern detailliert die Arbeit beschreiben soll, und zwar aus zwei Gründen: Zum einen soll der PEP anleiten, weil oft mit unerfahrenen Menschen gearbeitet werden muss; zum anderen aus der Annahme heraus, dass nur so die entsprechende Qualität erzeugt werden kann. Natürlich hängen beide Gründe zusammen, aber in den zweiten Aspekt spielen auch Prozessanforderungen, wie zum Beispiel Automotive SPICE hinein. Wie ist die Situation in deinem Unternehmen und was sind deine Gedanken dazu?

Argumente für einen detaillierten, anleitenden PEP:

Argumente für einen leichtgewichtigen Rahmenwerk-PEP:

Wenn es wirklich so ist, dass der PEP auch Menschen ausbilden soll, stehen wir vor einem Dilemma: Wie können wir einen kompakten, abstrakten, leichtgewichtigen PEP für Expert:innen bauen, wenn wir diese nicht haben? Ich schlage hier einen modularen Ansatz vor: Der PEP soll Framework-Charakter haben und was wir zusätzlich an Informationen unterbringen müssen, wird am Rande des PEPs dokumentiert – es wird aber nicht Bestandteil des PEPs. Wie könnte das aussehen? Zunächst musst du für dich die Ebenen in deinem PEP definieren. Falls das in deiner Organisation nicht schon geschehen ist, zum Beispiel wie folgt:

1. Strategische Ebene: Produktentstehungsprozess
2. Was-Ebene: Einzelprozesse (z. B. Projektmanagement)
3. Wie-Ebene: Arbeitsanweisungen/Methodenbeschreibungen

Die Idee einer solchen Teilung ist, dass die Prozesse nur das »Was« beschreiben. Ein beliebtes Format ist hierfür SIPOC (Supplier, Input, Process, Output, Customer), das du fraktal für einen ganzen Prozess oder einzelne Prozessschritte benutzen kannst. Erst die dritte Ebene beschreibt das »Wie«. Hier kann es auch für denselben Prozessschritt verschiedene geeignete »Wie« geben. Zurück zum agilen PEP: Für erfahrene Teams kannst du dich zunächst auf die ersten beiden Ebenen beschränken und zum Beispiel auf Ebene 1 die im vorigen Abschnitt dargestellte Adlerperspektive beschreiben und auf Ebene 2 den Ablauf einer Iteration. Vielleicht gibt es in eurem Fall für die Iteration auch Varianten, dann kannst du verschiedene Definitionen festlegen sowie die Kriterien, wann welche verwendet werden soll. Andere unterstützende Prozesse, wie das Konfigurationsmanagement, kannst du auch auf dieser Ebene beschreiben.

Die Wie-Ebene (Ebene 3) entsteht normalerweise in den Teams durch die dort vorhandene Expertise. Aber auch agile Teams machen nicht alles aus dem Bauch heraus, sondern notieren die im Team abgestimmte Arbeitsweise, um ein gemeinsames Verständnis zu entwickeln und die Aufnahme neuer Teammitglieder zu vereinfachen. Das »Wie« in den Teams ist öfters Veränderungen unterworfen. Jede Retrospektive hat das Potenzial, die Definition der Arbeitsweise wieder zu verändern.

Ein agiler PEP würde somit nur den Rahmen für die Ebenen 1 und 2 beschreiben (lasse dich hier durch andere Frameworks wie Scrum oder Scrum@Scale inspirieren, was den Detaillierungsgrad angeht) und würde die Ebene 3 den Teams überlassen, die automatisch den für sie nützlichen Detaillierungsgrad für die Dokumentation herausfinden.

4.3.3 Änderungsmanagement

Ein agiler PEP wird also deutlich weniger statisch sein als ein klassischer PEP, dementsprechend musst du dir für die Dokumentation, wie auch für das Änderungsmanagement eine leichtgewichtige Lösung ausdenken. Für die Dokumentation eignet sich das ohnehin von den Teams verwendete Wiki (das idealerweise über ein Konfigurationsmanagement und Baselining verfügt). Die Herausforderung ist also, festzulegen, wer wann den PEP ändern darf. Bei einem einzelnen Scrum Team ist das einfach, da würde ich den PEP voll in die Hand des Teams geben. Bei einem Team of Teams ist jedoch ein bestimmter Abstimmungsaufwand notwendig. Für die Details hierzu gibt es keine Musterlösung – ein naheliegender Ansatz ist jedoch, eine Community of Practice für den PEP zu gründen und Veränderungen nur zum Zeitpunkt von Iterationswechseln in Kraft treten zu lassen. Das ist ein Thema, bei dem du die endgültige Lösung vielleicht noch nicht zu Beginn brauchst bzw. das Konzept, wie euer agiler PEP geändert werden kann, wird sich auch unterwegs wandeln und verbessern. Notiere hier deine Gedanken zu Veränderungen am PEP:

Meine Gedanken, wie, wann und von wem der agile PEP angepasst werden sollte:

4.4 Exkurs: Automotive SPICE

Wenn du aus der Automobilbranche bist, ist dir vermutlich »Automotive SPICE« ein Begriff. Auch wenn dein Hintergrund in der Raumfahrt oder Medizintechnik liegt, bist du vielleicht schon mit den dortigen Umsetzungen des SPICE-Konzepts in Berührung gekommen. In diesem Kapitel kannst du dich entspannen, ich werde einfach ein wenig erzählen und ein paar Beispiele erläutern.

4.4.1 Was ist Automotive SPICE?

Um die Jahrtausendwende haben die Softwareanteile in Fahrzeugen bis dahin ungeahnte Ausmaße angenommen. Die Entwicklungen komplexer Software-Systeme haben sowohl die Automobilhersteller (OEMs), wie auch die Lieferanten vor neue Herausforderungen gestellt. Überspitzt formuliert: Es fand an vielen Orten eine Transformation von einer elektromechanischen Fabrik zum IT-Konzern statt. Dementsprechend hatten die OEMs auch immer wieder Probleme mit der Softwarequalität; Vorfälle, die es teilweise auch in die Medien schafften.

So lag es im Interesse der OEMs, aktiv auf die Lieferanten (die den Löwenanteil der Softwareentwicklung trugen) einzuwirken, um die Softwarequalität zu verbessern. Wären die OEMs jedoch mit verschiedenen Vorstellungen zu Entwicklungsabläufen bei einem TIER-1-Lieferanten aufgeschlagen, wäre dies nicht praktikabel gewesen. So haben sich deutsche OEMs zusammengetan und ein Konzept dazu entwickelt, wie sie die Reife in der Produktentwicklung bei ihren Zulieferern bewerten können. Das Ganze sollte so einheitlich sein, dass jeder OEM die Ergebnisse des anderen akzeptiert. Die Basis dafür war die ISO-Norm 15504, die ein Rahmenwerk für die Reifegradbewertung von Softwareentwicklungsorganisationen bietet (Hinweis: Inzwischen wurde die ISO-15504 durch die ISO-33000-Reihe abgelöst.)

Diese »SPICE-Norm« (SPICE = Software Process Improvement and Capability dEtermination) legt fest, welche Reifegrade es gibt und wie diese bewertet werden. Dieser Rahmen ist branchenneutral, da es nur um die Bewertung geht. »Automotive SPICE« stellt nun innerhalb dieses Bewertungsrahmens zum einen ein sogenanntes Prozess-Referenzmodell auf (PRM): Welche Prozesse wollen wir bewerten? Wie benennen wir diese? Welche Ziele und Ergebnisse sollen diese Prozesse haben? Zum anderen stellt es es ein Prozess-Assessment-Modell (PAM) zur Verfügung, das detaillierte Erwartungshaltungen an die gelebten Prozesse der Organisation beschreibt.

Die Reife wird in Assessments ermittelt, in denen (zumeist) externe Assessor:innen durch Interviews und Einsicht in die Dokumente ermitteln, wie die Organisation arbeitet. Diese Ergebnisse werden mit dem Prozess-Assessmentmodell (PAM) verglichen und dementsprechend pro assessiertem Prozess einen Reifegrad (»Capability Level«, umgangssprachlich »SPICE Level«) vergeben. Die Reifegrade, die von der Norm definiert werden, sind:

- 0: unvollständig
- 1: durchgeführt
- 2: gesteuert
- 3: etabliert
- 4: vorhersagbar
- 5: optimierend

Relevant für die Praxis sind insbesondere die Reifegrade 1 (die erwarteten Ergebnisse kommen irgendwie zustande) und 2 (das Erarbeiten der Ergebnisse wird geplant und nachverfolgt). Schon bei Reifegrad 3 (einheitliche Vorgehensweise) darf insbesondere die Frage gestellt werden, wie viel Aufwand das macht und wie viel Verbesserung bei der Produktqualität es einbringt.

Bei Reifegrad 1 geht es um die Basics im Engineering, im Projektmanagement und bei den unterstützenden Prozessen. Die Anforderungen sind in sogenannten Base Practices (BPs) im PAM pro Prozess festgehalten. Bei Reifegrad 2 geht es um mehr generische Dinge, wie Dokumentenlenkung sowie Planung und Nachverfolgung von Arbeiten. Dementsprechend sind die Anforderungen hier nicht mehr pro Prozess festgelegt, sondern allgemein in sogenannten Generic Practices (GPs).

Zu beachten: Während Level 1 (grob gesagt) mit 50 Prozent Zielerreichung bei den BPs erreicht werden kann, also indem man halbwegs gut arbeitet, müssen die Level-1-Abläufe nahezu perfekt sein, um einen Level 2 darauf aufbauen zu können. Beim Schritt zu Level 2 ist also der Hauptaufwand nicht, die entsprechenden GPs umzusetzen, sondern die darunterliegenden BPs wirklich gut hinzubekommen.

4.4.2 Wie passt ASPICE zu Agil?

Aufgrund der historischen, eher wasserfallartig organisierten Entwicklungsprozesse herrschte beim Aufkommen agiler Ansätze die Annahme vor, dass das neue Arbeiten nicht so recht zu Automotive SPICE passt. Viele Anforderungen werden jedoch von agilen Ansätzen schon abgedeckt, andere müssen so oder so mit etwas Aufwand erfüllt werden, und nur ganz wenige Aspekte bergen wirklich einen

Konflikt zwischen Automotive SPICE und Scrum. So lassen sich die Prozesse (ich verwende hier das PAM 4.0 mit dem VDA Scopes BASE, SYSTEM+SYS.1, SOFTWARE) in etwa wie folgt clustern:

Prozesse, bei denen etwas Aufwand nötig ist, um die Anforderungen von Automotive SPICE darstellen oder argumentieren zu können. Die wichtigsten Fragen:

- MAN.3 Project Management: Was ist ein Projekt bei agilen Ansätzen?
- SYS.1 Requirements Elicitation: Wie wird das agile Backlog eingesetzt?
- SYS.2: System Requirements Analysis: Sind die Anforderungen Backlog Items oder etwas anderes?
- SWE.1 Software Requirements Analysis: Sind die Anforderungen Backlog Items oder etwas anderes?
- SUP.1 Quality Assurance: Wie, wann, wo läuft die Qualitätssicherung?
- ACQ.4 Supplier Monitoring: Wie läuft die agile Zusammenarbeit mit Lieferanten?

Prozesse, bei denen die Inhalte bekannt sind, für die aber in einem agilen Kontext definiert werden muss, wer diese Inhalte wann erstellt:

- SYS.3 System Architectural Design
- SYS.4 System Integration and Integration Verification
- SYS.5 System Verification
- SWE.2 Software Architectural Design
- SWE.3 Software Detailed Design and Unit Construction
- SWE.5 Software Component Verification and Integration Verification
- SWE.6 Software Verification
- SUP.9 Problem Solution Management
- SUP.10 Change Request Management

Prozesse, die sich kaum von agil zu klassisch unterscheiden:

- SWE.4 Software Unit Verification
- SUP.8 Configuration Management

Noch einmal zu den Herausforderungen: Mit Blick auf Reifegrad (Level) 2 lässt sich sagen, dass der Hauptaufwand auf Level 1 liegt, um all die Details zu definieren. Level 2 hingegen ist mit Scrum der einfachere Teil, denn die hier geforderte Planung und Nachverfolgung wird von Scrum gut abgebildet. Und der zweite Aspekt von Level 2 sollte ohnehin vorhanden sein: eine funktionierende Dokumentenlenkung.

In den folgenden Abschnitten werde ich nun einzelne Prozesse detaillierter ansprechen, indem ich meine Gedanken dazu aufschreibe. Bitte verstehe das als Impulse, nicht als Blaupause! Die für dich gut funktionierende Lösung musst du in deiner Organisation finden und verbessern. Die genauen Praktiken aus dem PAM werde ich nicht mehr aufführen, bitte schaue hierzu in das PAM 4.0

4.4.3 Beispiel MAN.3 Project Management

Die große Herausforderung bei MAN.3 liegt darin, festzulegen, was ein Projekt ist. Scrum wird nicht auf den langen Planungshorizonten operieren, die du von Projekten gewohnt bist. Wenn du also noch in Projekten denkst und arbeitest, müsstest du alles mit traditionellen Planungswerkzeugen machen bzw. eine entsprechende agile Roadmap bis zum SOP bauen. Wenn ihr wirklich agil entwickelt, kannst du ein Release oder einen Supersprint (z. B. PI bei SAFe®) als Projekt ansehen. Generell empfiehlt sich auch im Agilen, so etwas wie ein Projekthandbuch anzulegen (meist ein Wiki), in dem du alle Definitionen und Entscheidungen für dein Vorhaben dokumentieren kannst. Die Rohdaten für deine Argumente sind oft über verschiedene Artefakte und Werkzeuge verteilt. Trage Links o.ä. im Wiki zusammen, damit du schnell alles findest – nicht nur für das Assessment, sondern für deine tägliche Arbeit.

Ein zweiter wichtiger Punkt: Eure agilen Backlogs bieten einen sehr schönen Mechanismus, um Arbeit zu definieren und nachzuverfolgen, jedoch beschränkt sich dies in der Regel auf die Tätigkeiten, die im Engineering angesiedelt werden. Die Arbeit von Scrum Master, Product Owner, Konfigurationsmanager:innen usw. müssen aber für Automotive SPICE auch geplant und verfolgt werden. Ob du dazu ein eigenes Backlog für die »administrativen« Dinge anlegst oder das auch alles in die eigentlichen Backlogs packst (mit einer Filtermöglichkeit in eurem Tool), ist dabei egal. Achte nur darauf, die Wertschöpfung der Developer nicht zu behindern, wenn du deren Backlogs nutzt.

BP1: Define the scope of work.

Das ist ein Thema, das recht unabhängig von den agilen Ansätzen ist. Der Scope des Projekts muss mehr sein als eine Beschreibung des Produkts oder Inkrements. Das PAM will »Projektziele« und »Kontext« sehen. Notiere also in deinem Wiki die Ziele für das, was du als Projekt definiert hast, oder verweise auf einen entsprechenden Projektauftrag für das übergreifende Projekt und beschreibe auch den Kontext. Für das, was du als Projekt definiert hast, sind die Ergebnisse von Planungs-Events nützlich: Sprint Goals, PI-Objectives, Epics, Story Maps usw. Stelle aus den Artefakten, die du ohnehin generierst, eine aussagekräftige Definition des Project Scopes zusammen.

Die VDA-Guidelines sprechen explizit »Tickets« als Arbeitspakete an. Storymaps wären dementsprechend auch ein gutes Werkzeug, um den Scope zu beschreiben. Neben diesen Planungsaspekten empfiehlt es sich, im Wiki auch Abgrenzungen zu notieren: Was ist definitiv nicht im Projekt-Scope?

Gemäß den Guidelines musst du auch zeigen können, wie sich deine Doku unterwegs geändert hat. Es muss klar sein, dass dies lebende, aktiv genutzte Artefakte sind.

BP2: Define project life cycle.

Den Lebenszyklus kannst du aus deiner Roadmap und dem verwendeten agilen Framework herleiten. Dokumentiere die wichtigen Meilensteine (wie Samples, Releases) in deinem Wiki oder in deinem Planungswerkzeug. Bezüglich der Ausführung kannst du auf das von dir verwendete Framework verweisen, es beschreibt den Lebenszyklus für eine Iteration oder eine Super-Iteration (z. B. PI in SAFe®). Die Zusammenarbeit mit Kunden und Lieferanten bezüglich deren Lifecycles solltest du auch im Wiki beschreiben.

BP3: Evaluate feasibility of the project.

Hier geht es nicht nur um die technische Machbarkeit, sondern auch um die Prüfung, ob das Projekt im aktuellen Setting erfolgreich sein kann. Für die technische Machbarkeit verwendest du bei Scrum oder skaliertem Scrum Erkenntnisse aus Spikes, Prototypen und Inkrementen. Auch bei der Projektmachbarkeit hast du gute Karten: Durch das Pull-Prinzip bei der Planung kann es nicht sein, dass Ressourcen überlastet werden. Du musst nur sicherstellen, dass die Abschätzungen deiner Teams bis zu jenem Meilenstein reichen, den du als Projektende definiert hast. Zusammen mit Velocities und Daten zur Zielerreichung bei vorhergehenden Releases, PIs usw. kannst du nachweisen, dass ihr zuversichtlich seid, dass es klappt. Auch »Confidence Votes« mit zig Leuten sind ein Indikator für die Machbarkeit.

Beachte, dass in den agilen Backlogs und bei Planungsevents nur mit den inhaltlichen Aspekten gearbeitet wird. Du musst aber auch die Machbarkeit für unterstützende Prozesse und die Administration des Projekts nachweisen, also Argumente finden und dokumentieren, dass Product Owner, Scrum Master, Konfigurationsmanager:in usw. nicht überlastet werden.

BP4: Define and monitor work packages.

Die Arbeitspakete ergeben sich aus deinen Backlogs, aus deinen User Stories, Features, Epics oder was auch immer du in deiner Organisation verwendest. Ja, diese Backlog Items können als Arbeitspakete angesehen werden, weil sie mehr als Anforderungen sind: Sie enthalten Analyse, Architektur, Bau, Test usw., und sie werden geschätzt und für die Verwaltung der Arbeit verwendet. Die Größe dieser Items sollte natürlich so sein, dass mit ihnen halbwegs brauchbar der Fortschritt gemessen werden kann und Abweichungen erkannt werden können. Nicht nur wegen Automotive SPICE, sondern vor allem für dein wertvolles Entwicklungsvorhaben.

Das rein agile Denken springt für SPICE hier jedoch etwas zu kurz. Es gibt auch einige Arbeitspakete, die nicht der Funktionsentwicklung dienen und die du zusätzlich in Backlogs aufnehmen solltest. Beispiele hierzu sind Arbeiten der Qualitätssicherung, des Konfigurations- oder Änderungsmanagements, Kundenworkshops usw. Wenn du es schaffst, möglichst alles einzubeziehen, bist du schon gut für Level 2 aller Prozesse gerüstet.

Achte darauf, dass die Abhängigkeiten der Tickets dokumentiert sind (z. B. Links in deinem Tool) und dass du auch Backlog Items für Nicht-Entwicklungstätigkeiten erstellst (für agile Rollen usw.). Verwende dafür vielleicht ein anderes Backlog oder schaffe die Möglichkeit, dies aus dem Entwicklungs-Backlog herauszufiltern.

Für das neue »monitor« im PAM 4.0 musst du zeigen können, wann dies passiert. Zeige also Beispiele, wie Backlog Items in Refinement-Meetings angepasst wurden.

BP5: Define and monitor project estimates and resources.

Im Gegensatz zu agilen Schätzungen geht es hier um mehr als um die Schätzungen im Backlog – es geht auch um Kosten, Qualitätszahlen und Risiken. Du musst Nachweise außerhalb der agilen Mechanik liefern können. Hinsichtlich der Schätzungen in Backlogs musst du im Assessment darlegen können, wie du sicher sein kannst, dass du deine Ziele erreichen kannst, und dass du Abweichungen erkennst. Du musst erklären, wie all das ohne den klassischen Ansatz von »Ressourcenschätzungen« funktioniert. Im Agilen sind die Ressourcen fest und die Planung wird über das Jonglieren mit den Inhalten umgesetzt. Durch die Pull-Planung ist das genauer, aber oft über einen kürzeren Zeithorizont als bei klassischen Projekten. Hier solltest du dir zurechtlegen, wie du das im Assessment argumentieren und anhand historischer Daten und Beispiele nachweisen kannst.

Die Guidelines erwarten, dass die »Arbeitspakete« nicht größer sind als der »Kontrollzyklus«, aber das ist bei Scrum oder skaliertem Scrum ohnehin gegeben.

Du kannst relative Schätzungen (z. B. in Punkten) verwenden, wenn du brauchbare Zahlen über die Velocities der Teams hast. Die Schätzmethoden (z. B. Planning Poker) solltest du nachweisen können, da die Guidelines Schätzungen von einzelnen Helden ablehnen.

Die BP legt Wert auf den Einfluss der Risiken in die Schätzungen, dazu können dokumentierte Risiken in Zusammenhang mit Expertenschätzungen und das Bestreben nach Konsistenz (z. B. durch Planning Poker) verwendet werden.

Wie bei den beiden vorhergehenden Base Practices musst du auch hier die Arbeit von agilen Rollen und unterstützenden Tätigkeiten irgendwie darstellen, zum Beispiel im erwähnten separaten Backlog, und andere Dinge, wie Budget, Qualitätszahlen usw. einbeziehen.

BP6: Define and monitor required skills, knowledge, and experience.

Der Nachweis läuft hier üblicherweise über eine Liste von im Projekt erforderlichen Qualifikationen und den Abgleich mit den dokumentierten Qualifikationen der Projektmitglieder. Für agile Rollen kannst du entsprechende Zertifizierungen zu Rate ziehen: Echte agile Teams haben theoretisch eine Skill-Matrix, in der sie für das Team definieren, welche Qualifikationen erforderlich sind, wer sie hat und wer in welchem Thema dazulernen möchte. Das ist ein wichtiges Werkzeug, um die T-shaped Skill Sets zu entwickeln. Ich schreibe »theoretisch«, denn in der Praxis ist es meistens vom Betriebsrat nicht gestattet, Qualifikationen der beteiligten Menschen irgendwie öffentlich darzustellen. Ob agil oder nicht: Das ist ein Thema, das du mit dem Betriebsrat und dem Sponsor des Assessments klären musst, um keine Überraschung zu erleben.

Auf jeden Fall ist es gut, wenn du nachweisen kannst, dass irgendwo Probleme mit der Qualifikation identifiziert (z. B. in Retros) und entsprechende Weiterbildungsmaßnahmen eingeleitet wurden.

BP7: Define and monitor project interfaces and agreed commitments.

Die Schnittstellen deines Teams oder Team of Teams in das Umfeld sind zum einen generisch im entsprechenden Framework beschrieben – eine Referenz hierauf kannst du also heranziehen. Der Rest ist klassische Dokumentationsarbeit: Notiere in deinem Wiki, welche anderen Teams, Abteilungen oder Organisationen (Kunden/Lieferanten) mit deinem Team of Teams interagieren. Notiere auch, zu welchem Thema die jeweilige Schnittstelle gehört, wann es Regelmeetings gibt und wer die Ansprechpartner:in ist.

Für alle Schnittstellen sollte es eine Vereinbarung geben. Intern reicht zumeist ein Wiki-Eintrag oder ein Besprechungsprotokoll. Für die Zusammenarbeit mit Entwicklungspartnern erwarten die Guidelines jedoch unterschriebene Vereinbarungen.

Da auch hier »monitor« steht, musst du zeigen, wann das geprüft wird und wie nachgesteuert wird. Retrospektiven sind wieder die primäre Plattform. Dazu solltest du einen Eskalationsmechanismus nachweisen und Beispiele haben, wie dieser benutzt wurde.

BP8: Define and monitor project schedule.

Die Definition erfolgt, indem parallel zu den Backlogs Meilensteinpläne mitgeführt werden und so einige Sprints vorausgeplant wird (in SAFe® passiert das im PI-Planning). Für die Entwicklungstätigkeiten ist das einfach, denn agile Ansätze sind ja darauf spezialisiert, in kurzen Takten zu prüfen und anzupassen. Also kannst du für diesen Punkt Reviews und Retros auf Team-Ebene und auf Team-of-Team-Ebene anführen. Burn-up- oder Burn-down-Charts sind gängige Werkzeuge für das Monitoring. Deine Dokumentation sollte es erlauben, im Assessment nachvollziehbare Beispiele zu liefern, wie Abweichungen erkannt wurden und darauf reagiert wurde.

Kümmere dich genauso wie in den vorherigen Base Practices um die Tätigkeiten, die normalerweise nicht im den agilen Backlogs stehen (unterstützende Prozesse, agile Rollen).

BP9: Ensure consistency.

Während es in der BP8 um die Planabweichungen geht, geht es hier um die Konsistenz zwischen den Zielen und der Umsetzung sowie um die Konsistenz der eigenen Planung mit Planungen außerhalb des Projekts (Kunden, Lieferanten, andere Abteilungen). Wieder sind die verschiedenen Retro-Events die Plattform. Für den Nachweis, dass explizit die Konsistenz mitgeprüft wird, ist es nützlich, z. B. entsprechende Agenden und Protokolle für die Retros zu haben. Eine detaillierte Agenda für eine Retro ist natürlich nicht super agil, eine grobe Agenda im Sinne einer Checkliste (»diese n Aspekte wollen wir jedes Mal im Kopf behalten«) wäre dafür eine Lösung. Im Assessment solltest du Beispiele zeigen können, wie Inkonsistenzen gefunden und behoben wurden.

BP10: Review and report progress of the project.

Der Fortschritt sollte ohnehin in jedem Review oder in jeder Demo auf Team-of-Teams-Ebene gemessen und dokumentiert werden. Ein explizites Reporting für das Management ist bei agilen Ansätzen nicht vorgesehen. Ziel ist, alles in den bestehenden Events und mit den bestehenden Daten darstellen zu können. Vielleicht kannst du mit deinen Werkzeugen ein Dashboard mit den wichtigsten Metriken bauen. Wenn dann das Management immer in den Reviews ist (oder z. B. in jedem zweiten Sprint Review) und du das mit Einladungen und Protokollen dokumentiert hast, deckt das diese BP schon gut ab. Gefundene Probleme können mit SUP.9 behandelt werden.

Hinweise zu Level 2

Das Management der Arbeitsprodukte musst du ohnehin im Griff haben, ob agil oder klassisch. Ich lege daher den Fokus hier auf GP2.1. Im Rahmen von MAN.3 geht es um das Projektmanagement des Projektmanagements, also wie du die Arbeiten für das Projektmanagement planst, überwachst und korrigierst. Wenn du also bei BP4 und BP5 schon immer die Tätigkeiten der Product Owner, Scrum Master und ähnlicher Rollen mit aufgenommen hast, bist du fein raus und kannst nachweisen, wie du die Ausführung von MAN.3 planst und überwachst. Das klingt zunächst einfacher als gedacht, denn die »Managementaufgaben« im agilen Umfeld sind so schwer zu definieren und zu schätzen wie jene von klassischen Projektleiter:innen. Was im Assessment meist gut funktioniert, ist zu sagen, dass die Zeit der entsprechenden Rolle zu so und so viel Prozent hier und dort hingeht. Damit zeigst du, dass du dich mit dem Thema auseinandergesetzt hast. Liefere noch ein Nachweis dazu, dass diese Annahmen insofern gut waren, als dass es nie zu Verzögerungen oder Überlastungen geführt hat – dann sollte das als Argumentation passen. Eines noch: Neu mit Version 4.0 ist, dass alle Prozesse bei GP2.1.1 eine Strategie benötigen. Notiere also in deinem Wiki, wie du die Tätigkeiten von MAN.3 angehen willst.

4.4.4 Beispiel SYS.1 System Requirements Elicitation

SYS.1 ist nicht Bestandteil des VDA-System-Scopes. Wenn du als Zulieferer arbeitest, kommt die Anforderungserhebung vielleicht bei dir gar nicht so ausgeprägt vor. Wenn du jedoch im agilen Sinn direkt im Markt stehst, ist dies ein wichtiges Thema für den Umgang mit Backlogs. Ein normales Scrum Product Backlog stellt eine Liste von Kundenanforderungen dar, die auch für die Verwaltung der Arbeit verwendet wird. Egal welches Framework du einsetzt: Auf der obersten Ebene gibt es immer ein Product Backlog, das 1:1 in Beziehung zu einem Produkt steht. Aus Sicht von Automotive SPICE wird das als Speicherort für Kundenanforderungen verwendet.

BP1: Obtain stakeholder expectations and requests.

Hier geht es darum, wie du an die Stakeholder-Anforderungen kommst, also wie du dein Product Backlog füllst. Im Assessment musst du beschreiben, wie du vorgehst. Am besten beschreibst du, wie du mit den Stakeholdern zusammenarbeitest (Workshops, Regelmeetings) und kannst entsprechende Protokolle/Dokumentation vorweisen. Das Backlog an sich ist ohnehin das wichtigste Artefakt für die Steuerung deiner Entwicklung. Dass das Product Backlog für die Stakeholder immer einsehbar ist und als zentrales Dokumentationswerkzeug verwendet wird, sollte im agilen Umfeld ohnehin klar sein.

Wenn du Anforderungen einsammelst, musst du diese in irgendeiner Form verarbeiten und sortieren. Hier ist z. B. die Arbeit mit Story Maps, EPICs, zugeordneten Meilensteinen/Releases nützlich. Daneben gelten natürlich weiterhin die klassischen Tugenden, wie die Markierung von funktionalen, nicht-funktionalen und prozessualen Anforderungen. Da in einem Backlog normalerweise nur die funktionalen Anforderungen verwaltet werden, musst du überlegen, was du mit dem Rest machst. Die nicht-funktionalen Anforderungen sollten in die DoD, dann musst du aber definieren, wie du das horizontale Tracing machst. Dasselbe gilt für prozessuale Anforderungen: Wo notierst du sie und wie kannst du sie tracen? Möglichkeiten wären, alles in dein Backlog-Tool zu füllen und entsprechende Filter einzurichten, oder in deinem Wiki alles zusammenzuführen.

BP2: Agree on requirements.

Da du bei agilen Ansätzen ohnehin zusammen mit den Stakeholdern auf dem Product Backlog arbeitest, sollte eine Zustimmung von dieser Seite leicht zu erzielen sein. Die Frage ist, wie du diese für dich und die Assessor:innen leicht dokumentieren kannst. Stakeholder zieren sich oft, explizit etwas freizugeben. Falls du eine solche Freigabe auf einzelne PBIs bekommen kannst: super. Andernfalls musst du dokumentieren, in welchem Meeting/Workshop das »Agreement« aus deiner Sicht zustande kam. Bei jedem PBI sollte ersichtlich sein, ob es »agreed« ist – durch entsprechende Labels oder Workflow-States in deinem agilen Backlog-Werkzeug.

Das PAM weist darauf hin, dass es beim »Agreement« nicht nur um die Stakeholder geht, sondern auch zum Beispiel um Entwicklungspartner. Überlege also auch hier, wie du zu der erforderlichen Zustimmung kommst und wie du sie dokumentierst.

Auf jeden Fall sollte in deiner Definition of Ready aufgeführt sein, dass das PBI »agreed« sein muss, um »ready« zu sein.

BP3: Analyze stakeholder requirements changes.

Backlog Items zu generieren ist das eine, die Änderungen darauf zu verwalten das andere. Hier sind agile Backlog Tools oft schwach aufgestellt und bieten kein Konfigurationsmanagement und kein Baselining. Bei Scrum und skaliertem Scrum musst du zwei Dinge nachweisen können: Wie und wo treten Änderungswünsche auf? Nur in bestimmten Meetings? Oder auch per E-Mail und Telefon? Wie dokumentierst du diese Wünsche? Eine Möglichkeit ist, dies als Kommentare an den PBIs transparent zu machen. Das PAM erwartet ja, dass du auch den Impact der Änderung diskutierst.

Der zweite Punkt ist mehr werkzeugbezogen: Wie kannst du nachweisen, welche Änderungen wann eingeflossen sind und wann die PBIs zueinander konsistent sind (Baselining)?

BP4: Communicate requirements status.

Wie werden der aktuelle Stand sowie Änderungen des Product Backlogs in der Organisation verteilt? Aus agiler Sicht ist das Backlog einfach öffentlich und alle können sich informieren. Ein solches Vorgehen führt aber zu Diskussionen im Assessment, auch wenn die Guidelines ein Pull-System unterstützen. Alle mit E-Mail-Newslettern zuzuspammen ist weder stilvoll, noch wirst du damit die gewünschte Streuung der Informationen erreichen. Mein Vorschlag ist ein Mittelweg: Pflege in deinem Wiki eine Seite mit der Änderungshistorie des Product Backlogs. Alle Beteiligten können darin sehen, wann zuletzt am Backlog etwas verändert wurde (Stakeholder Workshop, Backlog Refinement usw.).

Hinweise zu Level 2

Bezüglich des Dokumentenmanagements musst du herausfinden, wie du das in deinem Werkzeug für das Backlog Management abbilden kannst. Kannst du mit dem Werkzeug einen Workflow abbilden? Kannst du Konfigurationen und Baselines erstellen?

Die operative Arbeit wird in diesem Fall bei den Product Ownern liegen. Hier kommt das bereits erwähnte administrative Backlog ins Spiel: Du musst die entsprechenden Tätigkeiten definieren, einplanen und monitoren. Vielleicht ist es einfacher für dich, das mit entsprechenden Quoten für bestimmte Themengebiete zu argumentieren (siehe Beschreibung von MAN.3).

4.4.5 Beispiel SYS.2/SWE.1 System/Software Requirements Analysis

Die Stakeholder-Anforderungen in meinen Beispielen haben wir im Product Backlog gesammelt. Jetzt geht es bei SYS.2/SWE.1 um die konkret umzusetzenden Anforderungen. Nachdem diese beiden Prozesse in Automotive SPICE so ähnlich sind, werde ich sie parallel beschreiben. Wie ich im Kapitel »4.2 Systems Engineering und Scrum« ausgeführt habe, geht es ab diesem Punkt vermutlich in einem RM-Werkzeug weiter und nicht mehr in agilen Backlogs. Die Backlogs kannst/musst du trotzdem für die Planung der Arbeit verwenden und die Items entsprechend mit den Anforderungen in deinem Werkzeug in Verbindung setzen.

BP1: Specify system/software requirements.

Schreibe ganz klassisch deine SYS-/SWE-Anforderungen in deinem RM-Werkzeug auf. Verwende dabei ein etabliertes Vorgehen, was Formulierungen und Inhalte angeht. Funktionale und nicht-funktionale Anforderungen musst du wie überall markieren oder in verschiedenen Kapiteln unterbringen. Hier gibt es also erst einmal keine Unterschiede zum klassischen Vorgehen.

BP2: Structure system/software requirements.

In einem klassischen RM-Werkzeug erfolgt die Strukturierung über Kapitel und Unterkapitel, zum Beispiel gegliedert nach verschiedenen Betriebsarten oder verschiedenen Funktionalitäten. Die Priorisierung kannst du am besten über die Backlogs darstellen, mit denen du die Arbeit aussteuerst. Die Backlog Items sollten ja, wie beschrieben, mit den Anforderungen verlinkt sein. Eine Zuordnung von Backlog Items und Anforderungen zu Releases ist ein Mittel, um die Priorisierung nicht sprintgenau darstellen zu müssen. Wenn du nur mit Backlog-Werkzeugen arbeitest, hast du zwar die Priorisierung, aber keine gute Strukturierung, was im Assessment zu Problemen führen kann. In dem Fall kannst du zum Beispiel mit deinem Wiki arbeiten, das im Idealfall auch Backlog Items als Link aufnehmen kann.

BP3: Analyze system/software requirements.

Hier wieder ein klassischer Arbeitsschritt, der bei dir nun vom Scrum Team oder einzelnen Expert:innen vorgenommen wird. Die Anforderungen müssen bezüglich Machbarkeit, Testbarkeit und Abhängigkeiten analysiert werden und die Product Owner benötigen das Feedback für ihre Planung (Schätzungen, Machbarkeiten usw.). Die Ergebnisse der Analyse können gemäß den Guidelines in den entsprechenden Werkzeugen dokumentiert werden. Schön wäre, wenn ersichtlich ist, wann und von wem das dokumentiert wurde. Wenn du das in Kontext zu kleinen Protokollen – zum Beispiel aus den Backlog-Refinements oder Analyse-Workshops – setzen kannst, ist das super; dann kann nämlich gut nachvollzogen werden, wie die Analyse zustande gekommen ist.

BP4: Analyze the impact on the system context/operating environment.

Auch das ist ein klassischer Job: Das wird in den Teams gemacht und die Dokumentation kann wie bei BP3 beschrieben erfolgen.

BP5: Ensure consistency and establish bidirectional traceability.

Hier geht es um die Traceability von den Systemanforderungen zu den Stakeholder-Anforderungen bzw. von den Software-Anforderungen zu den Systemanforderungen und zur Systemarchitektur. Es hängt nun von euren agilen Artefakten ab, wie die Link-Ketten aussehen. In dem von mir beschriebenen Szenario bei SYS.2 gehen die bidirektionalen Links von den Systemanforderungen zu den Items im Product Backlog. Bei SWE.1 kommt es darauf an, ob ihr auch Backlogs für die Arbeitsverwaltung benutzt. In diesem Fall musst du festlegen, ob du durch die Backlog Items nach oben auf die Systemebene linkst, oder ob du direkt in die Systemarchitektur und in die Systemanforderungen verlinkst und die Backlog Items parallel verlinkst, für die Priorisierung und Schätzung der Anforderungen.

BP6: Communicate agreed system/software requirements and impact on the system context/operating environment.

Hier solltest du eine Liste haben, wer bzw. welche Rollen bei Änderungen informiert werden müssen und wie das passiert (Newsletter, Chat etc.), oder ob du ein Pull-System fahren willst, bei dem alle wichtigen Stellen immer im Wiki nachsehen können (was ich persönlich jedoch für kritisch halte). Ebenso musst du nachweisen können, wer in der Vergangenheit wann aus welchem Anlass mit welchen Informationen versorgt wurde.

Hinweise zu Level 2

Hier gilt dasselbe wie bei SYS.1: Bezüglich des Dokumentenmanagements musst du herausfinden, wie du das in deinem Werkzeug für das Backlog Management darstellen kannst. Kannst du mit dem Werkzeug einen Workflow abbilden? Konfigurationen und Baselines erstellen?

Die operative Arbeit wird dafür sowohl bei den Developern im Team, wie auch zum Teil bei den Product Ownern liegen. Für letztere kommt das bereits erwähnte administrative Backlog ins Spiel: Du musst die entsprechenden Tätigkeiten definieren, einplanen und monitoren. Vielleicht ist es einfacher für dich, das mit entsprechenden Quoten für bestimmte Themengebiete zu argumentieren (siehe Beschreibung von MAN.3).

4.4.6 Beispiele Engineering

In den vorigen Abschnitten habe ich die Prozesse, die sich mit Anforderungen befassen, etwas beleuchtet. Die weiteren Engineering-Prozesse in Automotive SPICE, also der jeweilige Rest des System-V und des Software-V, bergen in Verbindung mit Scrum viel weniger Unklarheiten. Wie bisher müsst ihr Architekturen entwerfen, implementieren, integrieren und testen (verifizieren). Hinsichtlich der Dokumentation entsteht nichts Neues, weil Scrum und die Skalierungsframeworks keine wiederverwendbaren Artefakte vorgeben. Es ist eben die ganz normale Entwicklungsarbeit mit den ganz normalen Werkzeugen. Natürlich ist es essenziell, dass die Werkzeuge schnelle Zyklen unterstützen und nicht eine unnötige Bremse für das agile Arbeiten darstellen.

Interessant ist aus agiler Sicht, wer die Tätigkeiten wann durchführt. In agilen Ansätzen gibt es bewusst keine technischen Rollen wie Systemarchitekt:in oder Tester:in mehr: Das Scrum Team, mit dem Mix aller Fertigkeiten, ist für das ganze Produkt verantwortlich. Dementsprechend werden auch alle Architektur- und Testarbeiten von den Teams in den Sprints durchgeführt. Das Arbeiten in kurzen Zyklen verursacht zunächst oft Reibung mit der aktuellen Entwicklungskultur. Entwicklungstätigkeit in kleine Stücke herunterzubrechen und auch so umzusetzen, erfordert etwas Übung – im SPICE-Kontext auch hinsichtlich der Werkzeuge und der Dokumentation. In vielen Organisationen wird traditionell lange an einer 100-Prozent-Lösung von Dokumenten geschraubt, iterativ-inkrementelles Vorgehen ist hier sehr ungewohnt.

4.4.7 Beispiel SUP.1

Als letztes Beispiel nach den Engineering-Prozessen möchte ich noch einmal auf die Qualitätssicherung eingehen. In diesem Zusammenhang gibt es oft Unsicherheiten, weil im agilen Denken die gesamte Qualitätssicherung im Team geschehen soll. Automotive SPICE fordert aber eine unabhängige Qualitätssicherung. Deshalb müssen wir den Begriff der Qualitätssicherung etwas auffächern. Zum einen geht es um die Absicherung, dass die vereinbarten Prozesse und Methoden eingehalten/angewendet werden, zum anderen geht es um die Absicherung der Arbeitsergebnisse. Beim zweiten Punkt ließe sich noch in das eigentliche Produkt (z. B. Verifikation von Anforderungen) und die Dokumentation (z. B. Review von Dokumenten) unterscheiden. Gerade der Aspekt der Verifikation des Produkts wird auch in klassischen Vorgehensweisen von der Entwicklung (beinhaltet für mich auch Test), und nicht von einer Qualitätsabteilung durchgeführt.

Bei agilen Ansätzen wird das Vorgehen ganz ähnlich sein. Die Tests werden in den Teams ausgeführt und eine Instanz außerhalb des Teams bzw. des Team of Teams stellt sicher, dass die Vorgaben bezüglich Vorgehensweise und Dokumentation eingehalten werden. Ist eine Qualitätsabteilung außerhalb der agilen Strukturen wirklich agil? Nein, aber es ist ein guter Startpunkt, um die Einhaltung regulativer Anforderungen im Team of Teams zu prüfen und mit SUP.1 durch das Automotive SPICE Assessment zu kommen. Darauf aufsetzend kannst du dich Schritt für Schritt in ein agileres Setting bewegen.

BP1: Ensure independence of quality assurance.

Dieser Punkt wurde mit der Version 3.0 etwas erleichtert, was die organisatorische Unabhängigkeit angeht. Die VDA-Guidelines erwarten dennoch starke Indikatoren für die Unabhängigkeit vom Projekt, Unabhängigkeit von Ressourcen und/oder Unabhängigkeit vom Budget. Sie machen aber auch ein Schlupfloch für sehr kleine Organisationen auf: Wenn die Unabhängigkeit aufgrund der Strukturen nicht dargestellt werden kann, sollen zumindest unabhängige Eskalationspfade zu den entsprechenden Management-Ebenen geschaffen werden. Da du vermutlich nicht in einer sehr kleinen Organisation arbeitest und ihr schon über eine Qualitätsabteilung oder ein Qualitätsteam verfügt, könnte diese Argumentation schwierig werden. Wie im Einleitungstext beschrieben, würde ich auf die bestehenden teamexternen Strukturen zurückgreifen. Lege dir für das Assessment die Argumentation zurecht (Organigramme, Budgetverteilungen usw.).

BP2: Define criteria for quality assurance.

Nachdem die Strategien im PAM 4.0 auf Level 2 verschoben wurden, greift dieser Punkt auf, dass du für dich definieren musst, was Qualitätssicherung für dich bedeutet. Das ist zunächst einmal unabhängig vom Einsatz von Scrum. Dokumentiere zum Beispiel in deinem Wiki, welche Anforderungen und Normen hier hineinspielen (z. B. ISO 26262) und leite daraus für dich bzw. deine Organisation ab, was angemessene Arbeitsprodukte und Prozesse ausmacht.

BP3: Assure quality of work products.

Arbeitsprodukte werden durch Reviews geprüft. Dabei gibt es verschiedene »Schärfegrade«, vom Peer-Review bis zur formalen Inspektion. Welche Methode wann zum Einsatz kommt, und wann und wo das unabhängige Qualitätsteam zum Einsatz kommt, sollte aus den Kriterien (BP2) klar werden. Du kannst also zum Beispiel festlegen, dass Dokumentenkategorie X in den Teams im Peer Review geprüft wird und dann stichprobenartig durch das Qualitätsteam abgesichert wird, während Dokumentenkategorie Y durch eine formale Inspektion geprüft wird, bei der immer jemand aus dem Qualitätsteam dabei sein muss.

In der praktischen Umsetzung musst du Nachweise bringen, also auch Peer-Reviews in den Scrum Teams kurz dokumentieren. Die übliche Praxis, in Review Sessions gleich die Findings zu beheben, gibt für das Assessment eine etwas schwache Dokumentationslage. Überlege dir, wie du dokumentieren kannst, was gefunden wurde und wie es behoben wurde. Idealerweise gibt es zwei Versionen des Dokuments (vorher/nachher) und ein Protokoll des Reviews mit den Findings.

BP4: Assure quality of process activities.

Hier kann das Qualitätsteam mit einer festzulegenden Stichprobendichte überprüfen, wie Prozesse und Methoden eingehalten werden. Ein Teil hiervon sind normalerweise regelmäßige interne Automotive SPICE Assessments für einzelne Prozesse. Du kannst solche Einzel-Assessments zeitlich verteilen, da sie schon etwas Zeit der Beteiligten verschlingen, und zum Beispiel alle X Monate ein internes Assessment im vollen Scope durchführen. Das allein reicht gemäß den Guidelines nicht aus, daher musst du auch in Stichproben die Umsetzung vorgegebener Methoden (z. B. FMEA) überprüfen oder auch die Umsetzung von qualitätsrelevanten Vorschlägen aus den Retrospektiven.

BP5: Summarize and communicate quality assurance activities and results.

Dieser Punkt ist auch wieder unabhängig von Scrum. Du musst irgendwo dokumentieren, was an Arbeiten für die Qualitätssicherung durchgeführt wurde und entsprechende Metriken pflegen. All das sollte natürlich in Bezug zu den Qualitätskriterien stehen.

BP6: Ensure resolution of non-conformances.

Die Behebung von Problemen kannst du am besten über die Abarbeitung entsprechender Backlog Items nachweisen. Hier musst du natürlich über eine entsprechende Verlinkung in deinen Werkzeugen die Kette nachweisen können, inklusive der Überprüfung der korrekten Behebung. Die Guidelines erwarten ein Fälligkeitsdatum für die Behebung, füge also dieses zu deinem Backlog Item hinzu oder argumentiere über die Zuordnung des Items zu einem bestimmten Release.

Neben der akuten Behebung der Abweichungen geht es auch um Maßnahmen für die Prävention. In Scrum ist die Retrospektive der richtige Rahmen, in dem ihr die Themen bearbeiten könnt. Denke nur daran, dass du den Weg der Abweichung durch die Retro bis zur Umsetzung durch entsprechende Links oder andere Dokumentation nachvollziehen kannst.

BP7: Escalate non-conformances.

Für die Eskalation von Problemen ins Management muss zum einen die Vorgehensweise für alle klar sein, also zum Beispiel im Wiki dokumentiert sein (Wann wird eskaliert? Wie? Wohin?). In Scrum kannst du das zum Beispiel über die Scrum Master und ein Impediment Backlog umsetzen. Das größere Problem in Assessments ist manchmal, dass man keine Fälle nachweisen kann, in denen der Eskalationspfad benutzt wurde, weil alles auf Arbeitsebene geklärt wurde. Beim agilen Arbeiten sollte aber schon ein gewisser Durchsatz bei der Beseitigung von Impediments zusammen mit dem Management sichtbar sein. Unabhängig von Automotive SPICE sollte es ja in deinem Interesse liegen, dass der Kanal für Eskalationen/ Impediments mal »ausprobiert« wurde und zuverlässig funktioniert.

Hinweise zu Level 2

Die Planung und Nachverfolgung von Aktivitäten zur Qualitätssicherung wird nicht durch die agilen Backlogs abgedeckt. Ebenso wie in MAN.3 musst du dafür ein separates Backlog aufsetzen (»Qualitätsteam«) oder die Items entsprechend markieren, damit sie aus den operativen Backlogs herausgefiltert werden können.

4.5 Exkurs: Funktionale Sicherheit (Bsp: ISO 26262)

Ebenso wie bei Automotive SPICE gibt es die Einhaltung der funktionalen Sicherheit betreffend oft Bedenken, wenn agile Ansätze eingesetzt werden. In diesem Kapitel möchte ich die Reibungspunkte und mögliche Lösungen am Beispiel der ISO 26262 (Funktionale Sicherheit für Straßenfahrzeuge) diskutieren. Falls du unter anderen Normen arbeitest, zum Beispiel in der Medizintechnik oder im Maschinenbau, wirst du vielleicht an manchen Stellen andere Begrifflichkeiten oder Details kennen, aber ich hoffe, dass du die Grundkonzepte auf deinen Kontext übertragen kannst. Der Fokus in diesem Kapitel wird ohnehin auf dem Management und der Konzeptphase liegen, die Umsetzung auf System-, Hardware- und Softwareebene ist das »übliche« Engineering, was sich auch problemlos in Scrum oder skaliertes Scrum einfügt. Ich werde mich hier auf die Entwicklung konzentrieren und werde Produktion, Betrieb und Wartung außen vor lassen.

4.5.1 Management der funktionalen Sicherheit

Die Norm teilt das Management der funktionalen Sicherheit in drei Aspekte auf: Management auf Organisationsebene, Management auf Projektebene und Management bei Produktion, Betrieb, Wartung und Außerbetriebsetzung. Das Management auf Organisationsebene ist zunächst einmal unabhängig vom verwendeten Managementansatz in der Entwicklung. Bei agilen Ansätzen geht es darum, zu prüfen, ob die Vorgaben zur funktionalen Sicherheit auf der Organisationsebene nicht so gestaltet sind, dass sie den Einsatz von Scrum erschweren.

Viel interessanter für unser Workbook ist die Projektebene. In diesem Punkt hat die Norm schon ein paar recht konkrete Vorstellungen, für die wir ein wenig nachdenken müssen, wie wir das mit Scrum abbilden. Im Folgenden liste ich die wesentlichen Forderungen der Norm auf und ordne diese gleich verschiedenen agilen Konzepten zu:

Planen und tracken mit Backlogs:
- Die Ressourcen für Safety-Aktivitäten müssen sichergestellt sein.
- Die Safety-Aktivitäten müssen geplant, ausgeführt und überwacht werden (»Safety Plan«).

Management-Tätigkeiten, die mit Unterstützung der Teams umgesetzt werden können (das könnten also EPICs oder Backlog Items sein):
- Eine Impactanalyse muss durchgeführt werden, um herauszufinden, welche Teile des Safety-Lifecycles umgesetzt werden müssen (oft setzt man auf Vorgängerprodukte auf oder hat Komponenten in Wiederverwendung).
- Der Safety-Lifecycle muss zugeschnitten werden und die Safety-Aktivitäten müssen festgelegt werden.
- Ein Safety Case muss erstellt werden (Zusammenführen aller Argumentationen und Nachweise).

Rollen und Verantwortlichkeiten:
- Es muss ein:e Projektmanager:in benannt sein.
- Ein:e Safety Manager:in muss benannt sein (kann auch in Personalunion mit der Projektleitung sein).

Du siehst, nur die letzten beiden Forderungen der Norm finden keine richtige Heimat in der agilen Arbeitsweise. Was also tun mit dem Projektmanager und der Safety Managerin? Während bei Automotive SPICE keine expliziten Rollen gefordert werden und die Gesamtmechanik in Scrum gut die dortigen Anforderungen abdecken kann, will die ISO 26262 also explizit diese beiden Rollen haben. In der Praxis ist oft zu beobachten, dass der Product Owner als »Projektleitung« dargestellt wird und diesem parallel ein:e Safety Manager:in zur Seite gestellt wird (oft als »Safety Product Owner« bezeichnet). Dieses Tandem hat dann die Verantwortung für das Product Backlog, in dem »normale« Items wie auch safety-relevante Backlog Items gelistet sind. Auf Backlog-Ebene ist das aus agiler Sicht prima! Achte nur darauf, dass safety-relevante Items entsprechend markiert sind, damit sie als solche identifiziert werden können.

Was die Rollen angeht, wäre ein:e Safety Manager:in eigentlich ein Stakeholder des Product Owners. Damit wäre die unerwünschte Dopplung des Product Owners vermieden, in so einem Setting musst du aber argumentieren können, dass der/die Safety Manager:in dennoch genügend Einfluss hat, um seine/ihre Themen in den Teams platzieren zu können. Wenn es für dich nützlich ist, kannst du auch die Variante des »Safety Product Owners« spielen. Sei dir aber bewusst, warum Scrum sehr klar darin ist, dass es nur einen Product Owner geben soll (alle Entscheidungen ohne Rückfragen, immer konsistente Antworten an die Developer usw.). Falls du SAFe® als Skalierungsframework verwendest, bist du in diesem Punkt konfliktfreier, denn dieses Framework weicht das Product-Owner-Konzept etwas auf: Das Product Management im ART kann auch eine Gruppe von Menschen sein, für unsere Diskussion könnte also eine Person der Product Manager der Safety Manager:innen sein.

4.5.2 Konzeptphase

In der Konzeptphase geht es schon um die operative Arbeit an den Nachweisen zur funktionalen Sicherheit. Das passt schon etwas besser zu Scrum als Norm-Themen, die sich mit der Organisation und dem Management beschäftigen. Die Definition des Safety-Items kommt aus der Systemarchitektur und somit aus den Teams. Beachte hier, dass diese Definition bei agiler Entwicklung vielleicht nicht so statisch ist wie bei klassischen Ansätzen. Es spricht nichts dagegen, die Definition bei Bedarf zu ändern – du musst dann aber in der Lage sein, über eine entsprechende Impact-Analyse festzustellen, welche Auswirkungen diese Änderung auf deine Sicherheitskonzepte und Dokumentationen hat.

Im Gegensatz zum Safety Item unterliegt die Gefährdungs- und Risikoanalyse (Hazard and Risk Analysis, HARA) öfters Änderungen. Die Einschätzung der Betriebsbedingungen und der Gefährdungen kann sich während des Entwicklungsvorhabens durchaus ändern, entweder durch eigene Erkenntnisse oder durch Geschehnisse im Feld bzw. im Markt. Mit der HARA ändern sich unter Umständen auch die Safety Goals, was wiederrum Auswirkungen auf den ganzen Requirements- und Architekturbaum hat. Du erkennst an dieser Stelle, wie wichtig eine aktuelle und konsistente Traceability ist, wenn du in kurzen Iterationen arbeitest – nicht nur für irgendwelche Assessments, sondern einfach, um dir die tägliche Arbeit zu erleichtern. Dasselbe gilt für das funktionale Sicherheitskonzept und die darin aus den Safety Goals abgeleiteten funktionalen Sicherheitsanforderungen.

Die Konzeptphase der ISO 26262 stellt also keine zusätzliche Herausforderung dar, wenn du agil arbeiten möchtest. Ähnlich wie bei Systemarchitekturen musst du prozessual und vor allem toolseitig in der Lage sein, Änderungen mit kleinem Aufwand umsetzen und freigeben zu können. Dazu gehört auch eine Toollandschaft, die dich unterstützt sowie eine stets aktuelle und damit aussagefähige Dokumentation und Traceability. Ähnlich wie bei Architekturen wird es nicht in deinem Interesse sein, ständig die HARA und das Sicherheitskonzept anzupassen. Es gilt also, vorausschauend zu arbeiten, ohne sich manche Optionen zu versperren. Anders formuliert: Wie bei der Systemarchitektur wirst du bei den Safety-Themen zu Beginn deines Vorhabens mehr Fokus darauf setzen, eine stabile Basis zu bekommen, jedoch ohne den Anspruch, zu einem bestimmten Meilenstein alles zu wissen (oder dir vorzumachen, alles zu wissen), wie dies bei phasengesteuerten Prozessen der Fall ist.

4.5.3 Entwicklung von System, Hard- und Software

Je weiter du dich im Safety Lifecycle nach vorn arbeitest, desto klarer wird, wie sich die Arbeit an den Artefakten für die funktionale Sicherheit in Scrum einfügt. Hier geht es ja um das klassische Engineering, also um die Entwicklung von Produkt und Produktionsprozess mit den zugehörigen Dokumentationen und Nachweisen. Da du mit Scrum vermutlich nicht mit super detaillierten Prozessen für das Engineering hantieren wirst, stellt sich die Frage, wie ein:e Safety Manager:in sicherstellen kann, dass die richtigen Methoden verwendet werden und am Ende alle entsprechenden Nachweise vorhanden sind. Nun gibt es prinzipiell zwei Möglichkeiten, um Anforderungen in die agilen Teams zu bekommen:

1. Konzeptbezogene Anforderungen: Singuläre Artefakte oder Tätigkeiten werden über das Product Backlog eingesteuert. Hier können Backlog Items ste-

hen, die bestimmte Dinge von den Teams fordern, die entsprechend abgearbeitet werden können (z. B. HARA, Sicherheitskonzepte usw.).

2. Inkrementbezogene Anforderungen: Nachweise über eingesetzte Methoden, Testabdeckungen usw. werden in die Definition of Done aufgenommen, da sie für jedes Inkrement erneut nachgewiesen werden müssen.

Meine Empfehlung: Erstelle eine Tabelle mit allen benötigen Nachweisen. Dazu gehören Artefakte, die explizit in der Norm erwähnt werden, wie z. B. Sicherheitskonzepte oder Impact-Analysen sowie Nachweise über die von der Norm (je nach ASIL) geforderten Methoden, wie zum Beispiel Berichte über Testabdeckungen oder statische Code-Analyse. Ordne jedem Nachweis zu, wer ihn liefern muss. Bei Nachweisen, die von den Teams kommen sollen, kannst du jetzt zuordnen, ob das ein Backlog Item wird oder in die Definition of Done aufgenommen werden soll. Damit hast du immer den Überblick, wie die Teams für das Befüllen des Safety Cases »angesteuert« werden sollen.

4.5.4 Weitere relevante Aspekte in Bezug auf Scrum

Neben den bisher angesprochenen Aspekten gibt es viele Themen, die durch den Einsatz von Scrum nicht betroffen sind. Neben den hier ausgeklammerten Themen Produktion, Betrieb, Wartung und Außerdienststellung sind das zum Beispiel die Qualifizierung von Werkzeugen, die Nachweise für die Wiederverwendung von Komponenten oder die Validierung des Sicherheitskonzeptes. Agiles Arbeiten wirft also keineswegs alles über Bord, was an Wissen, Werkzeugen und Methoden bisher vorhanden war. Alles, was nötig ist, ist ein wenig wegen der Management-Themen zu knobeln und dann zu üben, schnell und effizient in kleinen Schleifen zu arbeiten. Das klingt auf dieser abstrakten Ebene sehr einfach, wird dich aber in zig Details herausfordern. Es gibt keine Blaupause. Am besten ist, ab einem bestimmten Planungspunkt einfach damit zu beginnen und Management, zentrale Safety-Expert:innen und auch externe Assessor:innen in deine Gedanken einzubeziehen, um frühes Feedback zu deiner neuen Vorgehensweise zu bekommen.

Meine Notizen zu Automotive SPICE / Funktionale Sicherheit:

4.6 Themen für das Coaching

Hier kannst du noch einmal jene Themen sammeln, die du gerne in die Coaching-Sitzung mitnehmen würdest. Darunter gibt es ausreichend Platz, um dir während unserer Diskussion ein paar Notizen zu machen.

Agiole Systems Engineering

Meine Erkenntisse und offene Fragen:

Agile Systems Engineering

Meine Erkenntnisse und offenen Fragen:

Agile Systems Engineering

Meine Erkenntnisse und offenen Fragen:

Agile Systems Engineering

Meine Erkenntnisse und offenen Fragen:

5 Ausblick

5.1 Was tun mit diesem Workbook?

5.1.1 Was sind deine Ziele?

Ganz am Anfang des Workbooks, in Teil 1, habe ich dich gefragt, was deine Zielsetzung ist. Jetzt, nachdem du das Workbook durchgearbeitet hast, haben sich vielleicht manche Fragen für dich beantwortet und es sind neue Fragen entstanden. Hier hast du die Möglichkeit, Notizen zu deinen aktuellen Zielen zu machen, falls sie sich im Laufe der Arbeit mit dem Workbook verändert haben.

Meine Zielsetzung mit diesem Workbook ist:

5.1.2 Was hast du erreicht?

Hier hast du die Möglichkeit, noch einmal für dich zusammenzufassen, welche wesentlichen Erkenntnisse du durch das Workbook oder aus den Gesprächen mit mir gewonnen hast. Notiere dir auch, welche Fragen offengeblieben sind.

Meine wesentlichen Erkenntnisse aus diesem sind:

Folgende Fragen sind für mich offen geblieben:

5.1.3 Was sind die nächsten Schritte?

Jetzt kommen wir zum Kern einer Weiterbildung. Welche Maßnahmen wirst du aufgrund des Erlernten ergreifen? Falls du hierzu schon Ideen hast, kannst du sie hier notieren:

Die folgenden Maßnahmen möchte ich ergreifen:

5.2 Exkurs: Agile Ansätze einführen

Agilität ist mehr als die reine Mechanik des Engineerings und des Managements. Je nach vorhandener Organisationskultur stellt die Einführung eines agilen Ansatzes, wie zum Beispiel Scrum, eine umfassende Veränderung dar. Angestrebte kulturelle Veränderungen lassen sich nur mit den Menschen in der Organisation angehen und nicht gegen sie. Vor diesem Hintergrund möchte ich dir noch ein paar Informationen zur agilen Organisationsentwicklung mitgeben, die inhaltlich außerhalb des Rahmens dieses Workbooks stehen, aber thematisch natürlich eng damit verknüpft sind.

5.2.1 Produktorientierte Transformation

Immer wieder begegne ich Veränderungsansätzen, bei denen die Organisation neu gestaltet wird, aber das agile Engineering noch nicht definiert ist. Nach meiner Ansicht kann es so nicht funktionieren, denn der Sinn bzw. die Basis der agilen Transformation ist dadurch nicht für alle Beteiligten sichtbar. Ziel ist ja nicht, eine agile Organisation zu haben, sondern in der Disziplin der Produktentwicklung besser zu werden. Dementsprechend würde ich immer am Produkt und bei den Teams beginnen, also bei dem, was für dich agiles Engineering ausmacht.

Der Start einer Transformation beim Produkt erfolgt dementsprechend in einer traditionellen Umgebung und muss von einem hohen Sponsor mit Ausnahmeregelungen möglich gemacht werden. Erst wenn die Organisation verstanden hat, was für dieses Produkt in diesem Markt agile Produktentwicklung bedeutet, gibt es die wichtigen Erkenntnisse, um sich an die Umgestaltung der Organisation zu machen.

Detailliertere Gedanken zur produktorientierten Organisation findest du in dem Whitepaper in den Seminarunterlagen. Das Paper findest du auch im Blog auf meiner Website.

5.2.2 OpenSpace Agility

Organisationen sind komplexe Systeme, die nach dem Cynefin-Modell nicht mit klassischen plangetriebenen Ansätzen verändert werden können. Dennoch sind immer wieder Transformationsversuche zu beobachten, die linear in Phasen aufgesetzt sind. Einen besseren, agileren Ansatz liefert »OpenSpace Agility« von Daniel Mezick, der verschiedene bewährte Konzepte darin vereint hat. Kern ist ein Open Space Event, das alle sechs Monate als »Sprintwechsel« für die Organisationsentwicklung dient. Bei diesem Event werden von allen Beteiligten agile Experimente für die Organisation definiert und in den folgenden Monaten verprobt. Niemand muss teilnehmen oder mitmachen, OpenSpace Agility ist ein einladungsbasierter Ansatz. OpenSpace Agility kann für beliebige Transformationsthemen eingesetzt werden: für die Einführung agiler Arbeitsweisen, für die Einführung von Systems Engineering oder für beides gleichzeitig. Durch den einladungsbasierten Ansatz zeigen sich die Expert:innen mit der entsprechenden Leidenschaft für die einzelnen Themen und gleichzeitig wird eine Überlastung der Organisation verhindert.

Detailliertere Informationen zu OpenSpace Agility findest du im Büchlein »OpenSpace Agility kompakt«, das Bestandteil deiner Seminarunterlagen ist.

Notizen zu agiler Transformation:

6 Anhang

6.1 Literaturverzeichnis

- Takeuchi, H. & Nonaka, I. (1986). The new new product development game. Journal of Product Innovation Management, 3(3), 205–206.
- Sutherland, J. (2014). Scrum: the art of doing twice the work in half the time. New York: Random House
- INCOSE (2023). INCOSE Systems Engineering Handbook: New York: John Wiley & Sons, 2023.

6.2 Seminarunterlagen

Wenn du an einem meiner Seminare teilnimmst, hast du neben diesem Workbook auch folgende Unterlagen bekommen:

- Pfeffer J. (2017). Mehr Gewinn durch weniger Effizienz? projektmagazin 22/2017.
- Pfeffer, J. & Sasse M. (2018). Open Space Agility kompakt. Wangen: peppair.
- Pfeffer, J. (2019). Produkt-Entwicklung: Lean & Agile. München: Carl Hanser Verlag.
- Pfeffer, J. (2020). V-Modelle – sie sind mitten unter uns. https://joachim-pfeffer.com/wp-content/uploads/2020/01/JP-V-Modelle-unter-uns.pdf
- Pfeffer, J. (2023). Grundlagen der agilen Produktentwicklung (2. Auflage). Wangen: peppair.
- Pfeffer, J. (2023). Produktorientierte agile Transformationen. https://joachim-pfeffer.com/wp-content/uploads/2023/04/JP-Produktorientierte-Agile-Transformation.pdf

6.3 Lesetipps zum Grundlagenteil

Hier habe ich für dich weitere Lesetipps gesammelt.

- Ein gutes Büchlein zu den Grundlagen von Scrum: Gunther Verheyen: Scrum – A Pocket Guide. 3rd edition, Van Haren, 2021.
- Ein exzellentes Buch über Lean Development: Allen C. Ward, Durward K. Sobek II: Lean Product and Process Development. Lean Enterprise Institute, 2014.
- Ein neueres Buch über Lean Development, leichter zu lesen als »Ward«. In Summe eine Ode an Scrum, auch wenn Scrum nicht darin vorkommt: James M. Morgan, Jeffrey K. Liker: Designing the Future. McGraw Hill Professional, 2018.
- Ein gutes Buch über die Rolle des Product Owners: Frank Düsterbeck, Ina Einemann: Product Ownership meistern. dpunkt.verlag, 2022.
- Ein gutes Buch über Organisationsentwickluing und Scrum@Scale: Gereon Hermkes, Luiz Quintela: Scaling Done Right. Behendigkeit Publishing, 2020.
- Ein interessanter Artikel zur Geschichte der iterativen und inkrementellen Entwicklung (in der Hardware): Craig Larman, Victor R. Basili: Iterative and Incremental Development: A Brief History. In: Computer, Volume 36, Issue 6, June 2003, pp 47-56. https://ieeexplore.ieee.org/document/1204375